煤焦油评价内容及试验方法

张晓静　主编

中国石化出版社

内容提要

本书介绍了煤焦油评价的目的、内容和方法，主要包括煤焦油的取样方法、预处理方法和蒸馏分离方法、煤焦油及馏分油物理性质、化学性质、烃类和非烃类组成分析方法等内容，可作为煤焦油评价技术人员的必备手册，供煤化工领域的科研人员、分析和质量监控人员、管理人员及高校师生参考使用。

图书在版编目(CIP)数据

煤焦油评价内容及试验方法 / 张晓静主编.
—北京：中国石化出版社，2017. 1
ISBN 978 - 7 - 5114 - 4324 - 3

Ⅰ. ①煤… Ⅱ. ①张… Ⅲ. ①煤焦油 - 研究
Ⅳ. ①TQ524

中国版本图书馆 CIP 数据核字(2017)第 005747 号

中国石化出版社出版发行
地址:北京市朝阳区吉市口路 9 号
邮编:100020 电话:(010)59964500
发行部电话:(010)59964526
http://www. sinopec-press. com
E-mail:press@ sinopec. com
北京富泰印刷有限责任公司印刷
全国各地新华书店经销
*
787 × 1092 毫米 16 开本 14. 75 印张 322 千字
2017 年 4 月第 1 版 2017 年 4 月第 1 次印刷
定价:68. 00 元

编写委员会

主　　编：张晓静

副 主 编：曲思建　杜淑凤

技术顾问：田松柏

编　　委：（按姓氏笔划排序）

朱肖曼　李军芳　谷小会

杜淑凤　吴　艳　常秋连

序

煤焦油是煤制焦炭、煤改质、煤制气等化工过程的副产物，是一种宝贵的含烃资源，它不仅可以通过精细化工技术生产特殊化学品，而且还可以通过加氢技术生产燃料油。

目前，我国煤化工工业处于发展阶段，无论是在装置建设、催化剂生产方面，还是工艺流程设计方面，与国外先进水平都有一定的差距。尽管造成这一现状有很多原因，但其中重要的一点就是对煤焦油及其加工产品的特性认识不清。具体表现在煤焦油的分析没有形成统一的规格和标准，分析仪器和分析技术进步没有在煤焦油分析中得到充分体现，煤焦油加工性能的评价与煤化工的技术进步不同步。如果要实现煤焦油加工技术跨越式进步，必须统一分析方法，制订煤焦油质量的评价标准，掌握煤焦油在加工过程中分子的传递规律。

近年来，煤炭科学技术研究院有限公司张晓静研究员带领她的团队在相关方面做了大量卓有成效的工作，他们借鉴石油加工领域原油评价的工作经验，对煤焦油的评价内容和流程、物性分析方法和组成分析方法进行了认真分析、比较、总结以及实践，并在此基础上形成了《煤焦油评价内容及试验方法》一书。这本书不仅内容全面，编排合理，重点突出，而且通俗易懂，是从事煤焦油分析、评价、提质、加工技术人员不可多得的一本好书。它的出版必将对煤焦油分析方法的统一以及煤焦油加工技术的进步产生重要影响。

田松柏

前　言

人们传统概念中的煤焦油主要是指高温煤焦油，由于国内外对高温煤焦油的加工仅限于用物理分离的方法生产酚、萘、芴、苊等化学品，所以长期以来，在煤焦油的分析和评价内容方面人们关注的焦点仅仅是其组成以及影响分离过程的各种因素。近十多年来，随着我国新型煤化工产业的快速发展，大批量的中低温煤焦油作为一种特殊的资源或原料出现在工业生产过程中，由于中低温煤焦油与高温煤焦油存在着明显的不同，低温煤焦油聚合度低、裂化性能好，所以它更适合于通过加氢反应生产芳烃、发动机燃料等产品，因此，伴随着大批量中低温煤焦油的出现，各种中低温煤焦油对应的加氢技术得到了相继开发并成功应用于生产过程。例如，聚合度低的轻质煤焦油可以用常规的固定床加氢技术进行加工，聚合度高、污染物含量高的中、重质煤焦油可以用悬浮床加氢裂化技术进行加工，甚至聚合度最高的高温煤焦油在适宜的催化剂和工艺条件下选用悬浮床加氢裂化技术也可以得到非常理想的加氢效果，这样，高温煤焦油除了用传统的物理方法加工以外，也可以用加氢方法生产芳烃、特种油品以及发动机燃料。

多元化的技术为煤焦油加工提供了多种可选择的技术路线，不同组成或特性的煤焦油可以选择不同的加工技术，从而获得最佳的加工路线和产品方案，然而，指导煤焦油选择深度加工技术的基础和依据是煤焦油的组成、煤焦油各组分的反应性能尤其是裂化反应性能。显然，传统的煤焦油分析和评价内容已经不能满足目前产业发展的需要，必须建立更全面的煤焦油评价内容和对应的分析方法。

为了建立对煤焦油全面的评价方法、规范分析检测工作，我们团队成员多年来在实验室开展了大量的研究工作，研究工作分为两部分——煤焦油的评价内容和试验方法，其中，评价内容与煤焦油的加工技术有关，基本上汇总了目前已有加工技术对原料油期望的信息，试验方法包括了与评价内容有关的所有试验方法。

试验方法的确定原则是尽可能采用国家、冶金行业、焦化行业及石化行业现行的标准试验方法，但我们团队在实验室大量的实验过程中发现，由于煤焦油各馏分的组成和特性与石油对应馏分的组成和特性差别很大，以及煤焦油中含有较多的含氧化合物尤其是酚类等极性组分，导致一些石化行业的标准试验方法用于煤焦油评价时产生较大的偏差，甚至无法进行试验。对于这些试验方法，我们团队对原标准试验方法进行了适当的修改，并试验证明修改后的试验方法可用于煤焦油的有关试验过程中。为了便于技术交流和推进煤焦油产业发展，我们将多年来的研究结果和经验编制成这本《煤焦油评价内容及试验方法》，希望能给从事煤焦油加工技术研究领域、煤焦油生产领域的技术人员以参考。

本书共分为3篇，包括绪论、煤焦油评价的内容及方法、煤焦油评价的试验方法，本书汇总了目前已有加工技术对煤焦油原料油期望的评价内容和与评价内容有关的所有试验方法。本书的第一篇、第二篇由煤炭科学技术研究院有限公司张晓静编写，第三篇由煤炭科学技术研究院有限公司杜淑凤、朱肖曼、李军芳、谷小会、吴艳、常秋连同志编写。

在本书的编写过程中，得到了中国石化石油化工科学研究院田松柏博士的大力支持和帮助，书稿第一篇的编写得到了煤炭科学技术研究院有限公司胡发亭的帮助，第三篇试验方法中的部分插图得到了煤炭科学技术研究院有限公司颜丙峰、赵渊、钟金龙的帮助，对此表示感谢。

由于编者的水平有限，本书中难免会出现疏漏和错误，敬请广大读者予以批评指正。

目　录

第一篇　绪　论

第二篇　煤焦油评价的内容及方法

第三篇　煤焦油评价的试验方法

第一篇
绪 论

1 煤焦油的来源及分类

煤焦油是煤炭在不同加工过程（如煤热解/煤气化/煤干燥提质等）中的副产品，是一种具有刺激性臭味、黑色或黑褐色的黏稠状液体，不同煤种、不同加工过程得到的煤焦油性质差别很大。

根据煤炭热解温度的不同煤焦油分为三类[1,2]：热解温度为900～1000℃（建议改为1000 ℃以上）条件下副产的煤焦油为高温煤焦油，主要是炼焦过程中煤炭在焦炉中经过深度热解得到的副产物；热解温度为700～900℃（建议改为700～1000 ℃）条件下副产的煤焦油为中温煤焦油，主要是生产兰炭过程的副产物；热解温度为500～700℃条件下副产的煤焦油为低温煤焦油，主要为煤干馏、固定床（或移动床）气化等过程的副产物。

我国对高温煤焦油产品制定了行业技术标准，煤焦油产品应符合YB/T 5075—2010《煤焦油》的规定[3]，技术指标要求如表1-1所示；我国陕西省2015年制定了中低温煤焦油产品的地方技术标准DB 61/T 995—2015《中低温煤焦油》，技术指标要求如表1-2所示。

不同煤焦油的主要组成和性质列于表1-3。

一般情况下，高温煤焦油是黑褐色的黏稠液体，含有萘和酚的特殊气味，其性质和组成特点为：S、N含量高、H/C原子比低、黏度高、密度大，组成中芳香族化合物较多，烷烃、烯烃和环烷烃化合物较少，加工过程易缩合生焦。相对于高温煤焦油来说，中温煤焦油具有C含量低、H含量高、O含量高、S含量低、密度小、黏度低、酚含量和水含量高等特点。低温煤焦油则具有酚含量高、非烃类化合物含量高、密度小、残炭低及H/C原子比高等特点[4]。

表1-1 高温煤焦油产品的技术指标（YB/T 5075—2010）

项 目		1号	2号
密度（ρ_{20}）/（kg/m^3）		1150～1210	1130～1220
水分/%	不大于	3.0	4.0
灰分/%	不大于	0.13	0.13
黏度（E_{80}）	不大于	4.0	4.2
甲苯不溶物（无水基）/%		3.5～7.0	≤9.0
萘含量（无水基）/%	不小于	7.0	7.0

表 1-2　中低温煤焦油产品的技术要求（DB 61/T 995—2015）

项　目		技术要求	
		一级	二级
密度（ρ_{20}）/（g/cm^3）	≤	1.0300	1.0301 ~ 1.0700
水分/%	≤	2.00	2.01 ~ 4.00
灰分/%	≤	0.15	0.16 ~ 0.20
黏度（E_{80}）	≤	3.00	4.00
机械杂质/%	≤	0.55	0.56 ~ 2.00
残炭/%	≤	8.0	8.1 ~ 10.0
甲苯不溶物（无水基）/%		≤1.0	

表 1-3　不同干馏温度过程副产的典型煤焦油的主要性质[1,5]

项　目	低温干馏（500 ~ 700℃）	中温干馏（700 ~ 1000℃）	高温干馏（>1000℃）
焦油产率（质量分数）/%	8 ~ 25	5 ~ 8	3 ~ 4.5
相对密度，d_4^{20}	< 1000	~1000	>1000
酸性化合物含量（质量分数）/%	>6	6 ~ 9	<1.5
沥青含量（质量分数）/%	30 ~ 40	40 ~ 50	50 ~ 60
游离碳含量（质量分数）/%	4 ~ 10	5 ~ 7	1 ~ 3

近些年，随着新型煤化工的发展，采用固定床气化路线的煤制气过程，亦副产一定数量的煤焦油。另外，褐煤的干燥提质过程也副产一定量的煤焦油，这些煤焦油的组成和性质与低温煤焦油或中温煤焦油相近。

随着煤焦油来源的广泛和产量的规模化，煤焦油深加工技术备受人们关注，现有的煤焦油加工技术可分为两种：一种是采用精馏、溶剂萃取、结晶等方法，将煤焦油中含量较高的组分分离出来，用于生产化学品；另一种是采用加氢精制、加氢裂化的方法将煤焦油转化为石脑油、柴油等燃料油或小分子芳烃产品。

我国的高温煤焦油加工工艺基本上沿用 20 世纪 50 年代从德国、前苏联引进的技术。20 世纪 70 年代以来，我国自行开发了双炉双塔法高温煤焦油生产工业萘，碱洗及精馏分离酚类产品，萃取精馏法生产精蒽，区域熔融和定向结晶提纯萘、苊产品等新技术，近年来又引进和发展了多塔蒸馏工艺和减压蒸馏、常减压蒸馏工艺等技术。

中、低温煤焦油的组成和性质不同于高温煤焦油，中、低温煤焦油中含有较多的含氧化合物及链状烃，其中酚及其衍生物质量分数达 6% ~30%，烷烃最高可达 20%，同时重油（焦油沥青）的含量相对较少，比较适合采用加氢技术生产环境友好型清洁燃料和高附加值化学品[6]。

进入 21 世纪我国煤焦油加工利用技术实现了跨越式发展，高温煤焦油分离的化学品已达上百种，煤焦油加氢制清洁油品、煤焦油沥青制针状焦和碳纤维相继实现了工业化，煤焦油加工工业逐渐向集中化、园区化的方向发展，工业装置向大型化和现代化的方向发展。针对不同煤焦油种类和性质开发的煤焦油悬浮床加氢、煤焦油沸腾床加氢、煤焦油固定床加氢技术日趋成熟[7-10]，随着新技术的产生，带来了煤焦油的一种新的分类方法，根据每种加工技术对煤焦油质量要求的特点，将煤焦油按照密度的大小来划分，分为重质煤焦油、中质煤焦油、轻质煤焦油三类。煤炭科学技术研究院有限公司通过对大量煤焦油的分析评价数据及加工工艺技术研究，总结了按照密度大小划分煤焦油的类别与密度的对应关系，如表1-4所示，分别与煤焦油传统的三种类别相对应，但比传统的煤焦油分类方法更全面地涵盖了所有加工工艺过程副产的煤焦油。

表1-4 煤焦油类别与密度的对应关系

项 目	轻质煤焦油	中质煤焦油	重质煤焦油
密度（20℃）/（kg/m^3）	≤1000	1001~1099	≥1100

2 煤焦油评价的意义

煤焦油的种类很多，其组成和性质也存在着明显的差别，这些不同的组成和性质直接影响着煤焦油的后续加工技术。为了配合各类煤焦油加工技术的选择，正确和及时的指导煤焦油加工厂工程设计和生产，利用现代化的仪器和分析技术，借鉴石油行业原油评价的方法[11-12]，对煤焦油及其馏分油的物理性质、化学性质、烃类和非烃类化合物的组成进行分析，并根据得到的数据，对煤焦油的加工和使用性能进行评价的工作意义重大，煤焦油评价工作的重要性可体现在以下几个方面：

（1）指导煤焦油加工企业及时调整装置的操作参数；

（2）为煤焦油加工利用方案确定提供依据；

（3）为煤焦油加工技术产品/精细化学品方案制定提供指导；

（4）为煤焦油加工工业装置设计提供基础物性数据；

（5）为煤焦油加工企业预测项目经济效益提供依据。

（6）为统一煤焦油评价的方法、便于评价数据准确通用。

为此，编写了煤焦油评价的内容及方法，供大家参考。

参 考 文 献

[1] 水恒福，张德祥，张超群．煤焦油分离与精制［M］．北京：化学工业出版社，2006.

[2] 王世宇，白效言，张飏．低温煤焦油柱层析色谱族组分分离及GC/MS分析［J］．洁净煤技术，2010，16（4）：59~62.

[3] 马宝岐，任沛建，杨占彪，等．煤焦油制燃料油品［M］．北京：化学工业出版社，2010.

［4］杜鹏鹏．陕北中低温煤焦油粗酚精馏与模拟［D］．西安：西北大学，2014.
［5］周军，高明彦，孙建军．高温煤焦油加氢技术与发展［J］．山东化工，2012，41（6）：38～40.
［6］任明丹，张瑞峰，李涛，等．中低温煤焦油加氢技术进展［J］．河南化工，2014，31（8）：21～24.
［7］石振晶．煤热解焦油析出特性和深加工试验研究［D］．杭州：浙江大学，2014.
［8］赵鹏程，姚婷，杨宏伟，等．煤焦油的加工工艺及研究现状［J］．广州化工，2013，41（1）：26～29.
［9］魏忠勋，王宗贤，甄凡瑜，等．国内高温煤焦油加工工艺发展研究［J］．煤炭科学技术，2013，41（4）：114～117.
［10］胡发亭，张晓静，李培霖．煤焦油加工技术进展及工业化现状［J］．洁净煤技术，2011，17（5）：31～35.
［11］田松柏等．原油评价试验标准试验方法［M］．北京：中国石化出版社，2010.
［12］孙兆麟，赵杉林，廖克俭，等．原油评价与组成分析［M］．北京：中国石化出版社，2006.

第二篇

煤焦油评价的内容及方法

根据煤焦油的用途和企业需求，可将煤焦油评价主要分为煤焦油性质评价、煤焦油简单评价、煤焦油基本评价和煤焦油详细评价。本篇详细介绍煤焦油四种评价的内容和方法。

1 煤焦油性质评价

1.1 煤焦油性质评价的目的

对煤焦油进行性质评价，可及时了解各工艺过程副产的煤焦油性质，掌握生产过程煤焦油性质变化的规律及出厂产品的质量。

1.2 煤焦油性质评价的内容

1）煤焦油水含量和盐含量的分析

对煤焦油样品首先进行水分和盐含量分析。水分对煤焦油性质分析的结果影响很大，当煤焦油样品中水分较高时，性质分析前应进行脱水预处理。参考石化行业原油性质分析的要求，需将样品中的水分控制在<0.3%才能进行煤焦油性质的分析。因此，若水分>0.3%，需要对煤焦油样品进行脱水预处理。

2）煤焦油脱水预处理

对于含水量高于0.3%的煤焦油样品需进行脱水处理，由于煤焦油和水的密度差较小，试验室煤焦油的脱水预处理采用蒸馏脱水法，效果最好。

3）煤焦油基本性质分析

对于含水量低于0.3%的煤焦油分析密度、黏度、凝点、酸值、有机元素分析、灰分、盐含量、甲苯不溶物、馏程等项目，根据需要还可进行金属含量、胶质、沥青质、总氯、闪点、残炭等项目的分析。

煤焦油性质评价需要样品量1~2L。

2 煤焦油简单评价

2.1 煤焦油简单评价的目的

初步确定来自不同工艺过程的煤焦油类型和特征，为不同类型煤焦油的储运及合理加工利用提供依据。

2.2 煤焦油简单评价的内容

1. 煤焦油性质分析(详见1.2节)

2. 煤焦油简易蒸馏及馏分油性质分析

采用简易蒸馏装置，一般切取相隔25℃或50℃的馏分，计算各馏分油收率，获得产率分布规律，可根据需要分析馏分油密度、黏度、轻质馏分油的酸度或重质馏分油的酸值及元素(C、H、S、N)含量等基本性质。

煤焦油简单评价需要样品量4~5L。

3 煤焦油基本评价

3.1 煤焦油基本评价的目的

为预测煤焦油加工目标产品的质量和产量及产品方案的可行性提供依据，为制定合理的产品方案提供指导，同时为煤焦油加工的工程设计提供基础数据，是煤焦油加工企业的进厂原料每半年或一个季度煤焦油评价的内容。

3.2 煤焦油基本评价的内容

1. 煤焦油性质评价(详见1.2节)

要求分析胶质、沥青质含量。

2. 煤焦油实沸点蒸馏窄馏分切割及性质分析

其中，煤焦油性质分析按温度切取20～30℃的馏分，并对各窄馏分油进行性质分析，然后将所得窄馏分性质绘成曲线，各性质分析数据以表格列出。

切取的20～30℃的窄馏分油主要分析密度、黏度(20℃、50℃、80℃或100℃)、凝点、轻质馏分油的酸度或重质馏分油的酸值、元素(S、N)含量、折射率(n_D^{20} 或 n_D^{70})等，也可根据需要进行元素(C、H、O)含量等项目的分析。

由煤焦油实沸点蒸馏曲线，查出10℃馏分的质量收率，列表。

3. 煤焦油实沸点蒸馏宽馏分切割

根据煤焦油的性质，按照传统加工方案和现代煤焦油加工方案，对<350℃馏分切取适合的宽馏分进行分析。>350℃馏分切取：350～500℃、350～520℃和>500℃、>520℃，具体切割方案如下：

(1)对于高温煤焦油：包括传统加工模式(蒸馏分离)的宽馏分切取和现代加工模式(加氢裂化制取燃料油)的宽馏分切取两种方案。

按照高温煤焦油传统的加工模式进行的宽馏分切割方案为切割出<170℃轻油馏分、170～210℃酚油馏分、210～230℃萘油馏分、230～300℃洗油馏分、300～330℃一蒽油馏分、330～360℃二蒽油馏分和>360℃重油馏分。

按照高温煤焦油采用现代加工模式进行的宽馏分切割方案为切割出<170℃石脑油馏分、170～230℃的酚油馏分、170～350℃(或370℃)的柴油馏分、350℃(或370℃)～500℃(或520℃)的馏分和>350℃(或>370℃)的重油馏分、>500℃(或>520℃)的渣油馏分。

(2)对于中温煤焦油和低温煤焦油：直接采用现代加工模式进行的宽馏分切割方案为：切割出<170℃石脑油馏分、170～230℃酚油馏分、170～350℃(或370℃)柴油馏分、350℃(或370℃)～500℃(或520℃)馏分和>350℃(或>370℃)的重油馏分、>500℃(或>520℃)渣油馏分。

4. 实沸点蒸馏宽馏分油的性质分析

1) <170 ℃石脑油或轻油馏分性质分析

<170℃石脑油或轻油馏分分析密度、馏程、酸度、辛烷值、元素(S、N)含量和铜片腐蚀、PONA值等项目，计算芳烃潜含量。

2)170~210℃酚油馏分性质分析

170~210℃酚油馏分分析密度、馏程、酸度、元素(H、C、S、N、O)含量、定性定量分析酚类化合物(单体酚，包括苯酚、甲酚等多种单体酚)的种类和含量等项目。

3)210~230℃萘油馏分性质分析

210~230℃萘油馏分分析密度、馏程、酸度、元素(H、C、S、N、O)含量、定性定量分析其萘类化合物等项目。

4)170~230℃酚油馏分性质分析

170~230 ℃酚油馏分分析密度、馏程、酸度、元素(H、C、S、N、O)含量、定性定量分析酚类化合物(单体酚，包括苯酚、甲酚等多种单体酚)的种类和含量、定性定量分析其萘类化合物等项目。

5)230~300℃洗油馏分性质分析

230~300℃洗油馏分分析密度、黏度、馏程、酸度、元素(H、C、S、N、O)含量和烃族组成(烷烃、环烷烃、烯烃和芳烃的含量)等项目。

6)300~330℃一蒽油馏分性质分析

300~330℃一蒽油馏分分析密度、黏度、酸度、元素(H、C、S、N、O)含量和烃族组成(烷烃、环烷烃、烯烃和芳烃的含量)等项目。

7)330~360℃二蒽油馏分性质分析

330~360℃二蒽油馏分分析密度、黏度、酸度、元素(H、C、S、N、O)含量和烃族组成(烷烃、环烷烃、烯烃和芳烃的含量)等项目。

8)170 ~350 ℃(或370 ℃)柴油馏分性质分析

170~350 ℃(或370 ℃)柴油馏分分析密度、黏度(20℃或50 ℃)、凝点、馏程、酸度、硫含量、十六烷指数、烃族组成(烷烃、环烷烃、烯烃和芳烃的含量)等项目。

9)350℃(或370 ℃)~500℃(或520℃)馏分性质分析

350℃(或 370 ℃) ~500℃(或 520 ℃)馏分分析密度(20℃、70℃)、黏度(40℃或50℃、100℃)、折射率(n_D^{70})、残炭、平均相对分子质量、馏程、酸值、元素(C、H、S、N)含量、金属(Fe、Ni、V、Pb、As、Cu)含量、四组分(饱和烃、芳烃、胶质和沥青质)等项目。

10) >350 ℃(或>370 ℃)和>360 ℃重油馏分性质分析

>350 ℃(或 >370 ℃)和 >360 ℃重油馏分主要分析密度、黏度(80℃、100℃或120℃)、残炭、元素(C、H、S、N)含量、金属(Fe、Ni、V、Pb、As、Cu)含量、甲苯不溶物、四组分(饱和烃、芳烃、胶质和沥青质)等项目。

11）>500 ℃（或>520℃）渣油馏分性质分析

>500 ℃（或>520℃）渣油馏分主要分析密度、黏度（80℃、100℃或120 ℃）、残炭、元素（C、H、S、N）含量、金属（Fe、Ni、V、Pb、As、Cu）含量、甲苯不溶物、四组分（饱和烃、芳烃、胶质和沥青质）等项目。

煤焦油基本评价需要样品量20～25L。

4 煤焦油详细评价

4.1 煤焦油详细评价的目的

为煤焦油综合加工利用提供生产方案和工程设计基础数据。

4.2 煤焦油详细评价的内容

1. 煤焦油性质评价（详见1.2节）

其中，煤焦油基本性质分析要求分析更全面更深入，主要分析密度（20℃或70℃）、黏度（50℃、70℃或视样品实际情况而定）、凝点、残炭、酸值、盐含量、元素（C、H、S、N、O）含量、金属（Fe、Ni、V、Pb、As、Cu）含量、固含量、灰分、胶质、沥青质、总氯闪点等项目。

2. 煤焦油实沸点蒸馏窄馏分切割及性质分析

按温度切取20～30℃的窄馏分，将所得窄馏分性质绘成曲线，各窄馏分性质分析数据以表格列出。

对各窄馏分分析密度、黏度（20℃、50℃、80℃或100℃）、凝点、轻质窄馏分油的酸度或重质窄馏分油的酸值、元素（C、H、O、S、N）含量、平均相对分子质量、折射率（n_D^{20}、n_D^{70}）、苯胺点（柴油馏分沸程范围的窄馏分）、十六烷指数等项目。

由煤焦油实沸点蒸馏曲线查出10℃馏分的质量和体积收率，列表。

3. 煤焦油实沸点蒸馏宽馏分切割及性质分析

根据煤焦油的性质，按照现代煤焦油加工方案，对<350℃馏分油切取适合的宽馏分进行分析。>350℃切取：350～500℃馏分或350～520℃馏分和>500℃馏分或>520℃馏分，具体切割方案如下：

1）切取2～3个石脑油馏分或重整原料并分析性质

切取<60℃、60～130℃（或者～145℃、～160℃、～165℃）馏分、<170℃馏分，对各馏分分析密度、馏程、酸度、辛烷值、硫和铜片腐蚀、PONA值等项目。

2）切取1～2个喷气燃料的馏分并分析性质

切取130～280℃或160～260℃或165～240℃等适当的馏分，对各馏分分析密度、黏度（-20℃、0℃）、馏程、结晶点、酸度、芳烃含量、碘值、烟点、辉光值、硫和铜片腐蚀等项目。

3）切取2个以上酚油馏分和萘油馏分并分析性质

切取170～210℃馏分、170～230℃馏分或210～230℃馏分、210～260℃馏分，对各馏分分析密度、黏度(20℃)、馏程、酸度、烃族组成(烷烃、环烷烃、烯烃和芳烃的含量)等项目。

对170～210℃馏分、170～230℃馏分定性定量分析酚类化合物(单体酚：包括苯酚、甲酚等多种单体酚)的种类和含量。

对210～230℃馏分、210～260℃馏分定性定量分析其萘类化合物的种类和含量。

4）切取2个以上柴油馏分并分析性质

切取165～350℃馏分、165～370℃馏分或170～350℃馏分、170～370℃馏分，对各馏分分析密度、黏度(20℃、50℃)、凝点、苯胺点、馏程、酸度、硫含量、十六烷指数、烃族组成(烷烃、环烷烃、烯烃和芳烃的含量)等项目。

5）切取350～500℃(或520℃)宽馏分并分析性质

切取350～500℃(或350～520℃)宽馏分，对各馏分分析密度(20℃、70℃)、黏度(40℃或50℃、100℃)、折射率(n_D^{70})、残炭、平均相对分子质量、馏程、酸值、元素(C、H、S、N)含量、金属(Fe、Ni、V、Pb、As、Cu)含量、四组分(饱和烃、芳烃、胶质和沥青质)等项目。

6）切取>350℃或>370℃重油馏分并分析性质

切取>350℃或>370℃重油馏分，对各馏分分析密度、黏度(80℃、100℃或120℃)、残炭、元素(C、H、S、N)含量、金属(Fe、Ni、V、Pb、As、Cu)含量、甲苯不溶物、四组分(饱和烃、芳烃、胶质和沥青质)等项目。

7）切取>500 ℃或>520℃渣油馏分并分析性质

切取>500 ℃或>520℃渣油馏分，对各馏分分析密度、黏度(80℃、100℃或120℃)、残炭、元素(C、H、S、N)含量、金属(Fe、Ni、V、Pb、As、Cu)含量、甲苯不溶物、四组分(饱和烃、芳烃、胶质和沥青质)等项目。

8）根据煤焦油的特点，切取>350 ℃和/或>370 ℃和/或400℃和/或450℃和/或>500℃和/或>520℃的重油或渣油馏分，对各馏分进行沥青性能和碳材料性能(如软化点、针入度、延伸度、核磁共振、喹啉不溶物等)项目的分析。

煤焦油详细评价需要样品量30～50L。

说明：在实际工作中，煤焦油评价内容可根据具体情况增加或减少项目。

第三篇

煤焦油评价的试验方法

煤焦油评价的试验方法包括煤焦油的取样方法、煤焦油的预处理方法、煤焦油的蒸馏分离方法、煤焦油及馏分油物理性质分析、化学性质分析、烃类和非烃类组成分析方法等。试验方法主要参考了我国石油、石化、冶金和煤化工等行业相关的国家或行业标准试验方法，由于石油、石化、冶金和煤化工行业相关的国家标准或行业标准试验方法不能完全适用于煤焦油的性质分析评价，煤炭科学技术研究院有限公司在实验室进行了多年的研究工作，对相关试验方法进行了修改和验证，个别项目的试验方法引用了煤科院专有的分析试验方法，形成了较为完整和全面的煤焦油评价体系的试验方法。

MJYPJ－01　煤焦油的采样方法

煤焦油评价的第一步是确定如何得到具有代表性的煤焦油样品，因此，首先需建立煤焦油的采样方法。

煤焦油的采样方法参考现行国标 GB/T 1999—2008《焦化油类产品取样方法》[1]、GB/T 6680—2003《液体化工产品采样通则》[2] 和 GB/T 4756—2015《石油液体手工取样法》[3]。根据煤焦油中含有轻质组分、初馏点较低的性质特点，本方法规定煤焦油的采样温度不超过 60℃，压力为常压或接近常压。

本方法的主要内容如下：

1　范围

本方法规定了煤焦油的采样方法。

本方法适用于温度不超过 60℃，压力为常压或接近常压的煤焦油采样。

本方法中的煤焦油包括中、低温煤焦油和高温煤焦油。

2　引用文件

下列文件对于本文件的应用是必不可少的，凡是注日期的引用文件，仅注日期的版本适用于本文件。凡是不注日期的引用文件，其最新版本（包括所有的修改单）适用于本文件。

GB/T 4650—2012　《工业用化学产品　采样　词汇》。

3　术语和定义

GB/T 4650—2012 所界定的术语和定义适用于本方法。

3.1　部位样品（spot sample）

从物料的特定部位或在物料流的特定部位和时间采得的一定数量或大小的样品。它是代表瞬时或局部环境的一种样品，如图 1 所示。

3.2　表面样品（surface sample）

在物料的表面采得的样品，以获得关于此物料该表面的信息。如图 1 所示。

3.3　底部样品（bottom sample）

在物料的最低点采得的样品，以获得关于此物料该部位的信息。如图 1 所示。

3.4　上部样品（upper sample）

在液面下相对应于某一确定体积（如总体积的 1/6）的深处采得的一种部位样品。如图 1 所示。

3.5　中部样品（middle sample）

在液面下相对应于总体积一半的深处采得的一种部位样品，如图 1 所示。

3.6　下部样品（lower sample）

在液面下相对应于一定体积（如总体积的 5/6）的深处采得的一种部位样品，如图 1 所示。

3.7　全液体样品（full level sample）

在容器内全液位采得的样品，如图 1 所示。

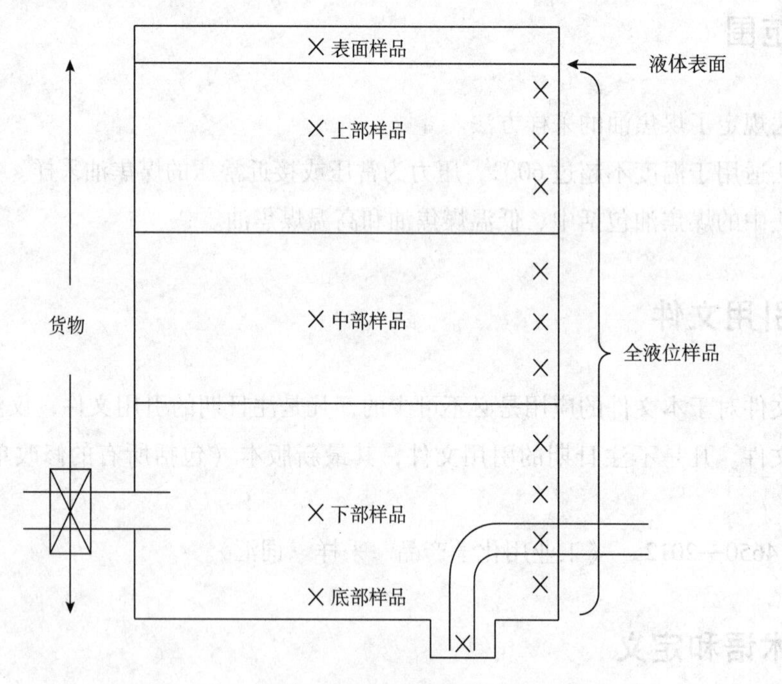

图 1　样品类型分布图

3.8　平均样品（average sample）

把采得的一组部位样品按一定比例混合成的样品。

3.9　混合样品（composite sample）

把容器中煤焦油混均后随机采得的样品。

3.10　样品容器（sample container）

用于储存和运输样品的容器。

3.11　采样装置（sample device）

可携带的或固定的用于采取样品的设备。

4　采样的基本要求

4.1　采样操作人员必须熟悉被采煤焦油样品的特性、安全操作的有关知识及处理方法。

4.2　采样前应进行预检，并根据检查结果制定采样方案，按方案采得具有代表性的样品。由于煤焦油一般是用容器包装后贮存和运输，应根据容器情况和煤焦油的种类来选择采样工具，确定采样方法。预检内容如下：

4.2.1　了解被采煤焦油容器的大小、类型、数量、结构和附属设备情况。

4.2.2　检查被采煤焦油的容器是否受损、腐蚀、渗漏并核对标志。

4.2.3　观察容器内煤焦油的颜色和黏度情况，判断煤焦油的类型和均匀性。

4.3　煤焦油的混匀

4.3.1　对低黏度煤焦油样品有以下几种混匀方法：

（1）小容器（如瓶、罐）摇动、搅拌进行混匀；

（2）中等容器（如桶、听）用滚动、倒置或搅拌器进行混匀；

（3）大容器（如贮罐、槽车）用机械搅拌器、喷射循环泵进行混匀。

4.3.2　对高黏度煤焦油样品应先加热至（50±5）℃，至高黏度煤焦油样品具有流动性时，按照4.3.1节所述方法进行混匀。

4.4　样品的代表性

如被采容器内煤焦油已混合均匀，采取混合样品作为代表性样品。如被采容器内煤焦油未混合均匀，可采部位样品按一定比例混合成平均样品作为代表性样品。

4.5　采样其他注意事项

4.5.1　样品容器必须清洁、干燥、严密，采样设备不能用与被采取煤焦油起化学作用的材料制造，采样过程中防止被采煤焦油受到环境污染和变质。

4.5.2　样品的缩分。一般原始样品量大于实验室样品需要量，因而必须把原始样品量缩分成两份到三份小样。一份送实验室检测，一份保留，必要时封存一份给委托方。

4.5.3　样品标签和采样报告。样品装入容器后必须立即贴上标签，必要时写出采样报告随同样品一起提供。

5　采样设备

5.1　采样勺

用不与煤焦油发生化学作用的金属或塑料制成。

5.1.1　表面样品采样勺。边沿成锯齿形，齿高10mm，齿底角60°，大小视样品量及能否进入容器而定。如图2（a）所示。

5.1.2　混合样品采样勺和采样杯。煤焦油混匀后用它随机采样，如图2（b）、（c）所示。

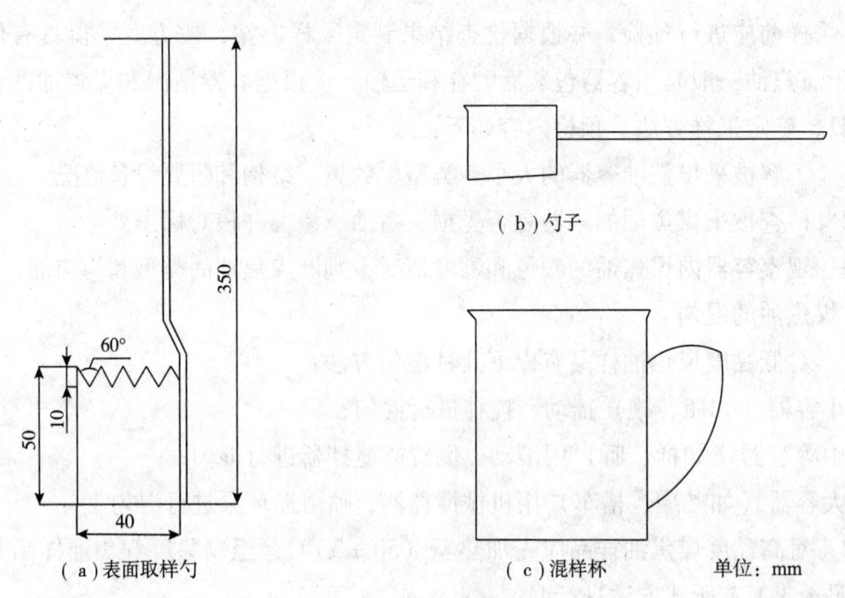

图2　采样勺和采样杯

5.2　手摇取样机

由电导塑料（电导率$<10^6\Omega\cdot m$）、铝合金和铜制成，取样尺带采用防静电取样绳或量油钢卷尺，变速比1∶3，如图3（a）（b）所示。

5.3　管线取样设备

管线取样设备是一个伸到管线内的管线取样器，其试样入口中心点应在不小于管线内径的三分之一处，如图4所示。取样点应位于湍流范围内，湍流常在管线的冲洗段或在泵的输出侧。如果没有冲洗段的话，取样器应水平安装在管线的垂直段，且靠近泵出口。取样线路应尽可能地短。建议取样点应距离任何组分的最后注入点的下游约25倍于管线直径之处，以保证所有组分能充分地混合。

为了保证混合均匀和消除分层，可在朝向取样器开口的方向安装钻有小孔的板、一系列的挡板或缩小管径。也可以把这些方法结合起来应用。

可以提供一种合适的设备，用预定的或自动的方法进行自动取样。

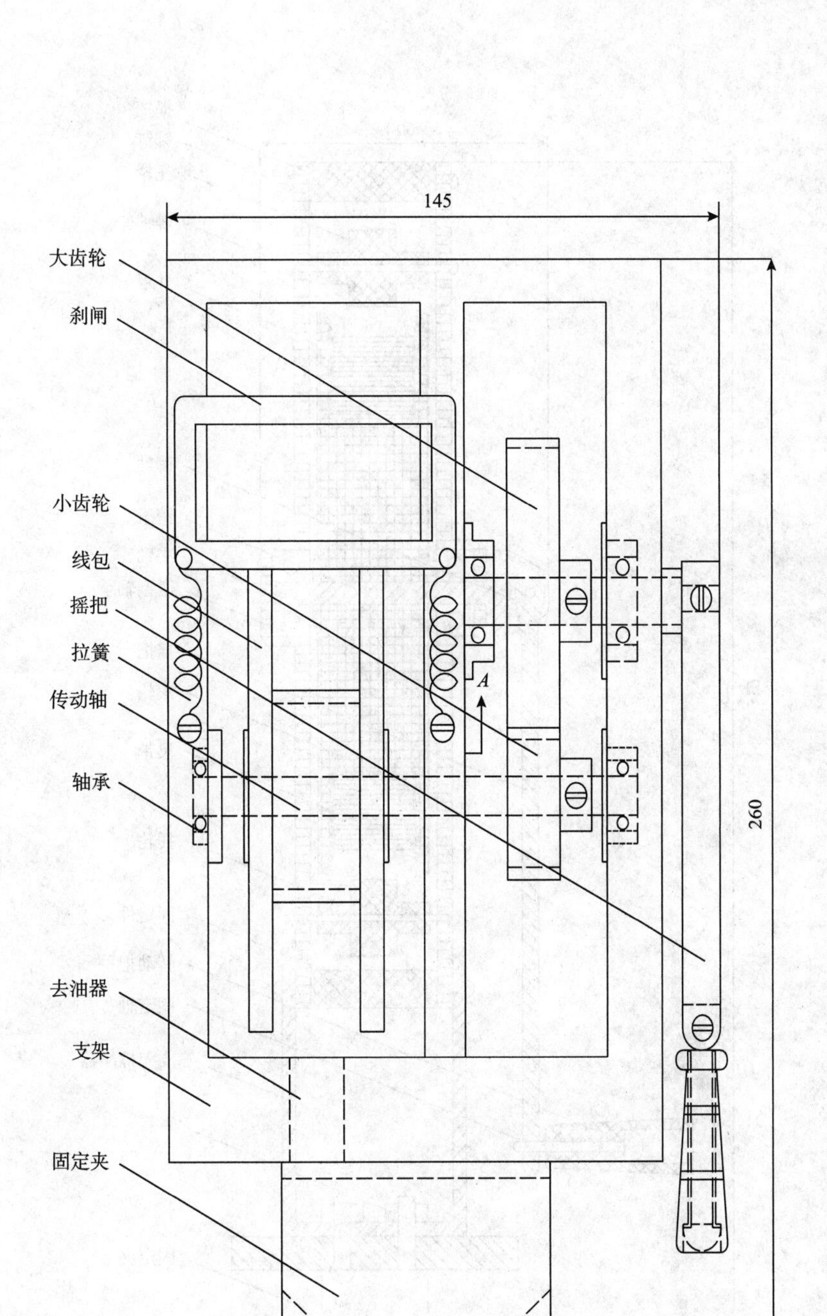

（a）　　单位：mm

图 3　防静电取样绳或量油钢卷尺

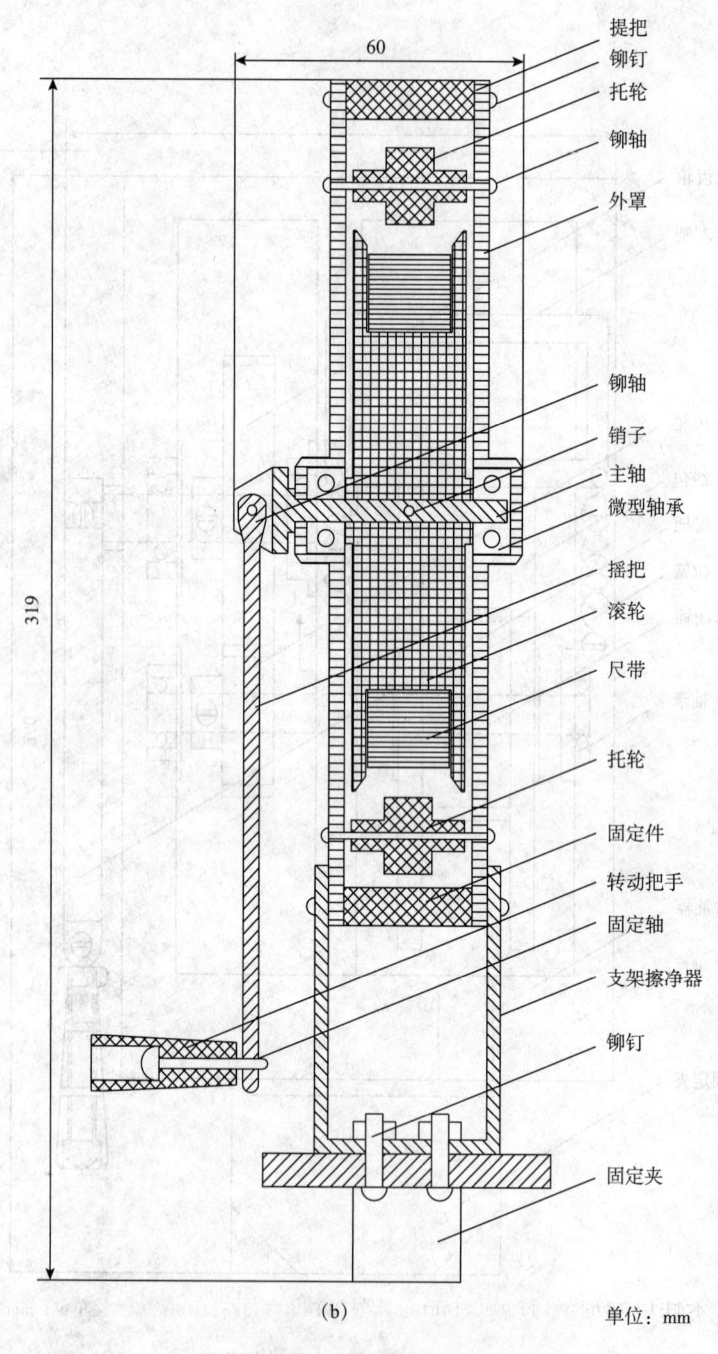

图3　防静电取样绳或量油钢卷尺（续）

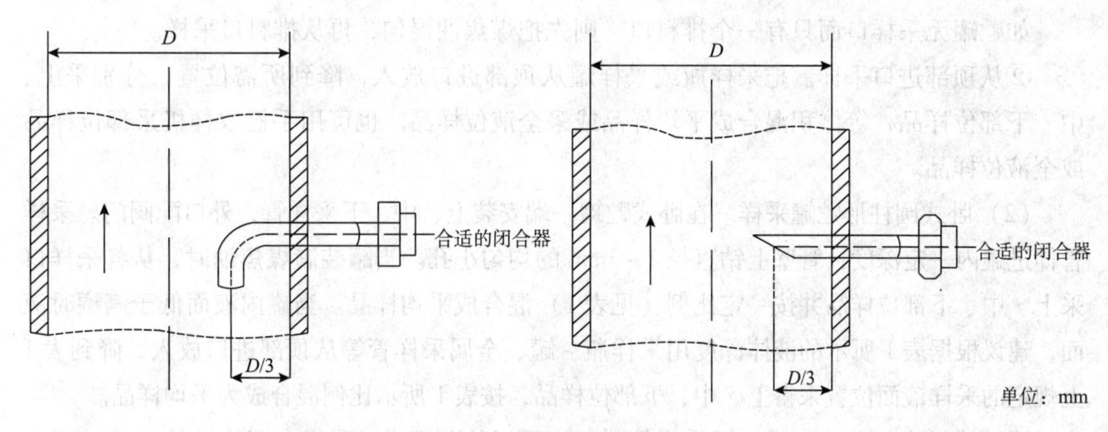

图4　管道取样装置

6　操作方法

煤焦油的采样可根据其常温下的物理状态分为2大类：常温下可流动的煤焦油和受热变为可流动的煤焦油。

6.1　常温下可流动的煤焦油

在常温下能够流动的煤焦油，为了保证所采得的样品具有代表性，必须采取一些具体措施，而这些措施取决于被采煤焦油的种类、包装、贮运工具及运用的采样方法。

6.1.1　件装容器采样

（1）小瓶装产品（25～500mL）。按采样方案随机采得若干瓶样品，各瓶摇匀后分别倒出等量液体煤焦油混合均匀作为样品。也可分别测得各瓶煤焦油的某特性值以考查煤焦油特性值的变异性和均值。

（2）大瓶装产品（1～10L）和小桶装产品（≈19L）。被采样的瓶或桶搅拌均匀后，用适当的采样管采得混合样品。

（3）大桶装产品（≈200L）。在静止情况下用开口采样管采全液位样品或采部位样品混合成平均样品；在滚动或搅拌均匀后，用适当的采样管采得混合样品。如需知表面或底部情况时，可分别采得表面样品或底部样品。

6.1.2　贮罐采样

（1）立式圆形贮罐采样

①从固定采样口采样。在立式贮罐侧壁安装上、中、下采样口并配上阀门。当贮罐装满煤焦油时，从各采样口分别采得部位样品。由于截面一样，所以按等体积混合三个部位样品成为平均样品。如罐内液面高度达不到上部或中部采样口时，建议按下列方法采得样品：

如果上部采样口比中部采样口更接近液面，则从中部采样口采三分之二样品，而从下部采样口采三分之一样品。如果中部采样口比上部采样口更接近液面，从中部采样口采二分之一样品，从下部采样口采二分之一样品。如果液面低于中部采样口，则从下部采样口采全部样品。

如贮罐无采样口而只有一个排料口，则先把煤焦油混匀，再从排料口采样。

②从顶部进口采样。把采样瓶或采样罐从顶部进口放入，降到所需位置，分别采上、中、下部位样品，等体积混合成平均样品或采全液位样品。也可用手摇取样机采部位样品或全液位样品。

（2）卧式圆柱形贮罐采样。在卧式贮罐一端安装上、中、下采样管，外口配阀门。采样管伸进罐内一定深度，管壁上钻直径2～3mm的均匀小孔。当罐装满煤焦油时，从各采样口采上、中、下部位样品并按一定比例（见表1）混合成平均样品。当罐内液面低于满罐时液面，建议根据表1所示的液体深度用采样瓶、罐、金属采样管等从顶部进口放入，降到表1上规定的采样液面位置采得上、中、下部位样品，按表1所示比例混合成为平均样品。

当贮罐没有安装上、中、下采样管时，也可以从顶部进口采得全液位样品。

6.1.3　槽车采样

槽车采样（火车和汽车槽车）：

（1）从排料口采样。在顶部无法采样而煤焦油又较为均匀时，可用采样瓶在槽车的排料口采样。

（2）从顶部进口采样。用采样瓶或罐从顶部进口放入槽车内，放到所需位置采上、中、下部位样品并按一定比例混合成平均样品。由于槽车罐是卧式圆柱形或椭圆柱形，所以采样位置和混合比例按表1所示进行。也可采全液位样品。

表1　卧式圆柱形贮罐采样部位和比例

液体深度（直径百分比）	采样液位（离底直径百分比）			混合样品时相应的比例		
	上	中	下	上	中	下
100	80	50	20	3	4	3
90	75	50	20	3	4	3
80	70	50	20	2	5	3
70		50	20		6	4
60		50	20		5	5
50		40	20		4	6
40			20			10
30			15			10
20			10			10
10			5			10

（3）对一列槽车采样。按槽车采样①或②对每辆槽车采得的样品混合成平均样品作为一列车的代表性样品。

6.1.4　从输送管道采样

（1）从管道出口端采样。周期性地在管道出口端放置一个样品容器，容器上放一只漏斗以防外溢。采样时间间隔和流速成反比，混合体积和流速成正比。

（2）探头采样。如管道直径较大，可在管内装一个合适的采样探头。探头应尽量减小分层效应和被采液体中较重组分下沉。良好的探头需具备以下条件：

①均相和随机不均匀液体煤焦油常用孔径约12mm的管安装在管壁上，伸进管中心弯曲90°，管口面对液流，45°斜口。

②非均相和不均匀液体煤焦油采样时探头应安放在雷诺数为2000以上的紊流面上，探头的前方放一个阻流混合装置。

（3）管道采样分为与流量成比例的试样和与时间成比例的试样

①流速变化大于平均流速10%时，按流量比采样，如表2所示。

②流速较平稳肘，按时间比采样，如表3所示。

表2　与流量成比例的采样规定

输送数量/m^3	采样规定
<1000	在输送开始和结束时各一次
1000～10000	开始一次，以后每隔1000m^3一次
>10000	开始一次，以后每隔2000m^3一次

表3　与时间成比例的采样规定

输送时间/h	采样规定
<1	在输送开始和结束时各一次
1～2	在输送开始时一次，中间和结束时各一次
2～24	在输送开始时一次，以后每隔1h一次
>24	在输送开始时一次，以后每隔2h一次

6.2　受热变为可流动的煤焦油

一些在常温下为黏稠状的煤焦油，当受热时易变成流动的液体而不改变其化学性质。

6.2.1　采样方法

建议在生产厂的交货容器灌装后立即采取液体煤焦油样品。当必须从交货容器中采样时，把容器放人热熔室中使产品全部熔化后采液体煤焦油样品。

（1）在生产厂采样。在生产厂的交货容器灌装后立即采取煤焦油样品，采得的液体煤焦油趁热装入样品瓶中。

（2）在件装交货容器中采样。把件装交货容器放入热熔室内，待容器内煤焦油全部熔化后，用开口采样管插入搅拌，然后采混合样或用采样管采全液位样。

6.2.2　采样设备及注意事项

（1）采样设备应是耐热材料制成并不和煤焦油起化学作用。

（2）采样器应慢慢放入热液体中，在其中停留一下使其达到温度平衡后采样。

（3）在加热交货容器时注意排气，防止容器破漏。

（4）在采热液体时，防止溅出引起烧伤。

7 试样的标识与保管

7.1 试样的标识

在每个装有煤焦油试样的瓶上贴标签，并注明：

①产品名称；

②生产厂名；

③试样编号；

④取样地点（车号）；

⑤取样方法；

⑥产品批号、批量；

⑦取样日期；

⑧取样人姓名。

7.2 试样的保管

7.2.1 样品应保存在避光、干燥、无污染、通风、阴凉的地方，以防样品变质。

7.2.2 保留样品应有专人保管，在保存期内，任何人不得擅自将样品损毁。过期样品统一处理。

7.2.3 样品保存期为60 d，特殊情况另行规定。

8 取样注意事项

（1）煤焦油属易燃物质，取样时要防止取样工具和容器产生静电和火花。

（2）操作人员取样时应站于上风处，并穿戴好劳保防护用具。

（3）泵出口管线取样装置的设置应合理，保证所取试样具有代表性。

（4）罐内油品取样时应具有足够的流动性。

（5）取样结束后应将取样器具清洗干净。

参 考 文 献

［1］中华人民共和国国家质量监督检验检疫总局 中国国家标准化管理委员会 . GB/T 1999—2008 焦化油类产品取样方法［S］. 北京：中国标准出版社，2009.

［2］中华人民共和国国家质量监督检验检疫总局 . GB/T 6680—2003 液体化工产品采样通则［S］. 北京：中国标准出版社，2004.

［3］中华人民共和国国家质量监督检验检疫总局 中国国家标准化管理委员会 . GB/T 4756—2015 石油液体手工取样法［S］. 北京：中国标准出版社，2016.

MJYPJ－02　煤焦油及馏分油水分的测定方法

取得有代表性的煤焦油样品后，首先应对煤焦油样品进行水分测定。样品含水对其性质分析结果影响很大，像密度、闪点、凝点等项目。分析前应对含水量超过要求的煤焦油样品先进行脱水，使其水分小于0.3%后才能进行后续性质分析和实沸点蒸馏试验。

煤焦油及馏分油水分的测定方法在制定过程中参考了现行国标GB/T 8929—2006《原油水含量的测定 蒸馏法》[1]和GB/T 2288—2008《焦化产品水分测定方法》[2]。但是，GB/T 2288—2008标准中规定了三种水分测定试验方法，只有蒸馏法适用于煤焦油及馏分油水分的测定，而标准中没有规定对接收器进行标定，会影响试验结果的准确性；GB/T 8929—2006标准中未规定流动性较差样品的前处理过程。上述两个标准均不适用于煤焦油及馏分油水分的测定。

本方法的主要内容如下：

1　范围

本方法规定了采用共沸法测定煤焦油及馏分油水分的方法。

本方法适用于煤焦油及馏分油水分的测定，水分的测定范围：0.1%～30%。

2　引用文件

下列文件对于本文件的应用是必不可少的，凡是注日期的引用文件，仅注日期的版本适用于本文件。凡是不注日期的引用文件，其最新版本（包括所有的修改单）适用于本文件。

GB/T 16494《化学试剂　二甲苯》。

MJYPJ－01　煤焦油的采样方法。

3　方法提要

在试样中加入与水不混溶的溶剂，并在回流条件下加热蒸馏，冷凝下来的溶剂和水在接收器中连续分离，水沉降到接收器中带刻度部分，溶剂返回到蒸馏烧瓶中。读出接收器中水的体积，并计算出试样中水分的含量。

4　试剂和材料

（1）二甲苯：符合 GB/T 16494 中分析纯规格要求。

（2）蒸馏水或去离子水。

（3）脱脂棉。

5　仪器设备

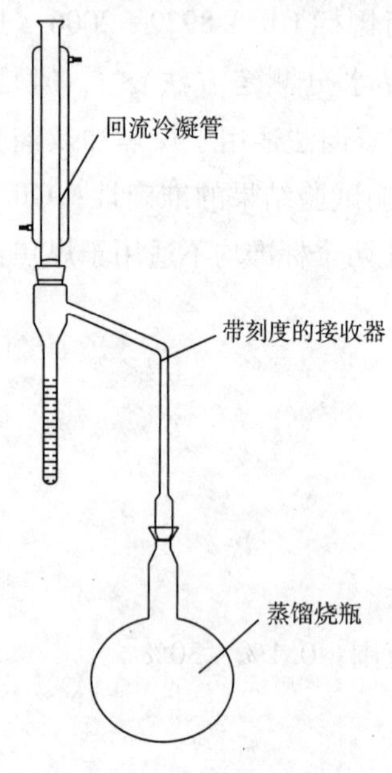

图 1　水分测定器装置图

5.1　蒸馏仪器

本方法推荐仪器如图 1 所示，由玻璃蒸馏烧瓶、直管回流冷凝器、有刻度的接收器组成。

5.1.1　蒸馏瓶：硬质难熔玻璃制成，平底或圆底短颈，容积 500mL，瓶颈具有 24/29 标准磨口。

5.1.2　回流冷凝管：内管长 300mm、外管长 250mm 的直形冷却管，下端具有直径 19/26 标准磨口，与接收器连接。

5.1.3　接收器：容积为 2mL，分刻度为 0.05mL，最大误差为 0.02mL；容积为 10mL，分刻度为 0.1mL，最大误差为 0.06mL。每种接收管上端具有 19/26 标准磨口，与冷却管下端的标准磨口相配，接收支管下端具有直径 24/29 标准磨口，与蒸馏瓶的标准磨口相配。

5.2　加热器

任何可以把热量均匀地分布到蒸馏烧瓶整个下半部分合适的气体或电加热器都可以使用。从安全因素考虑电加热套更为适合。

5.3　天平：分度值为 0.01g。

6　试验准备

6.1　仪器准备

在最初使用前，按照 6.1.1 的要求标定接收器。整套仪器的检查周期为 6 个月，按照 6.1.2 的要求检查。

6.1.1　标定接收器

接收器的刻度应由生产厂检定合格。如果使用单位需要进行检定时，可用能读准至 0.01mL 的微量滴定管或精密微量移液管，以 0.05mL 的增量逐次增加蒸馏水来检验接收器

上刻度标线的准确度。如果加入的水和观察到水量的偏差大于0.050mL，就应重新标定或认为该接收器不合格。

6.1.2　回收试验

（1）向仪器中放入200mL无水二甲苯（含水量最多0.02%），按照7.5的要求进行空白试验。试验结束后，用滴定管或微量移液管将（1.00±0.01）mL室温的蒸馏水直接加入到冷却后蒸馏烧瓶中，按照第7章进行试验。重复6.1.2操作，用滴定管或微量移液管将（4.50±0.01）mL的蒸馏水加入到蒸馏烧瓶中。只有接收器的读数在表1规定的允差范围之内时，才能认为整套仪器合格。

表1　水回收量的允差

接收器在20℃时的极限容量/mL	加入室温水的体积/mL	回收水在室温下的体积/mL
5.00	1.00	1.00±0.025
5.00	4.50	4.50±0.025

（2）读数超出允许值则认为是由于蒸汽泄漏、蒸馏速率太快、接收器刻度不准确或外来湿气进入造成的操作故障。如果这些故障被鉴别，则应消除故障后并按照6.1.2重做回收试验。

6.2　试样的准备

6.2.1　应按MJYPJ-01煤焦油的采样方法的规定取得具有代表性试样。

6.2.2　按表2规定选择试样量。

表2　试样加入量与其水分含量的关系

预期试样中水分（质量分数）/%	大约试样量/g
≤1.0	200
1.1~5.0	100
5.1~10.0	50
10.1~30.0	20

6.2.3　在称取试样之前，对已凝固或流动性差的试样，应加热到有足够流动性的最低温度。剧烈振荡或搅拌试样，把黏附在容器上的水都摇下来，使试样和水混合均匀，否则会影响试验结果。

如对混合试样的均匀性有质疑时，则测定至少三次，并报告平均结果作为水含量。

7　操作步骤

7.1　按照6.2.2中规定称取试样量（m），称准至±0.02g，把试样直接倒入蒸馏烧瓶中，加入100mL二甲苯溶剂。若使用转移容器（烧杯或量筒），则将100mL二甲苯溶剂分成5等份分别倒入洗涤容器后，再全部倒入蒸馏烧瓶中。

注：为了减少爆沸，磁力搅拌器是最有效的装置。玻璃珠或其他的沸腾辅助手段，虽然作用较小，但也可以使用。

7.2 按照图1装配仪器，确保所有接头的气密性和液密性。要求玻璃接头不涂润滑脂，通过冷凝夹套循环水的温度在20～25℃。在冷却管上端用少许脱脂棉塞住，以防空气中水分在冷却管内部凝结。

注：在一般情况下，通入冷凝器夹套的循环水可为常温自来水，如果对试验结果有争议和仲裁实验时，则应将循环冷却水的温度保持在20～25℃。

7.3 加热蒸馏烧瓶。加热的初始阶段要缓慢加热，以防止爆沸和系统的水分损失（冷凝液不能高于冷凝管内管的3/4处；为了使冷凝液容易洗下来，冷凝液要尽量保持接近在冷凝管冷却水的进口处）。初始加热后，调整沸腾速度以便使冷凝液不高于冷凝管内管的3/4处。馏出物应以2～5滴/s的速度滴入接收器。继续蒸馏，直到除接收器外仪器的任何部位都看不到可见水，并且接收器内的水的体积在5min内保持不变。

7.4 蒸馏结束后，让接收器和蒸馏烧瓶冷却至室温，读出接收器中水的体积。

7.5 将100mL二甲苯溶剂倒入蒸馏烧瓶中，按7.1～7.5的步骤进行空白试验。

7.6 本方法的精密度会受到附着在仪器上的水滴影响，因小水滴没有沉降到水分接收器中而无法测量到。为了减少这种影响，至少每天化学清洗所有的仪器，以除去表面附膜层和有机物残渣，因为这些物质会阻碍仪器中水的自由滴落。如果试验样品的性质会引起持久的污染，需要做更频繁的清洗。

8 结果计算

煤焦油及馏分油的水分按下式计算：

$$w_b = \frac{(V_1 - V_0) \times 1}{m} \times 100 \qquad (1)$$

式中 w_b ——煤焦油及馏分油样品的水含量（质量分数），%；

V_0 ——做空白试验时接收器中水体积的数值（修约到0.025mL），mL；

V_1 ——接收器中水的体积的数值（修约到0.025mL），mL；

m ——煤焦油样品的质量，g；

1——假定水的密度为$1g/cm^3$。

报告水含量的结果修约到0.01%。

9 方法精密度

重复性限：在重复性条件下获得的两次独立测试结果的绝对差值在95%置信概率下应

不大于表3规定的数值。

表3　方法精密度

水分测定范围/%	重复性限/%
0.1~1.0	0.08
1.0~30	0.20

10　试验报告

试验报告至少应包括以下内容：

①样品标识；

②依据标准；

③试验结果；

④与标准的任何偏离；

⑤试验中出现的异常现象；

⑥试验日期。

参　考　文　献

[1] 中华人民共和国国家质量监督检验检疫总局 中国国家标准化管理委员会. GB/T 8929—2006 原油水含量的测定——蒸馏法［S］. 北京：中国标准出版社，2006.

[2] 中华人民共和国国家质量监督检验检疫总局 中国国家标准化管理委员会. GB/T 2288—2008 焦化产品水分测定方法［S］. 北京：中国标准出版社，2008.

MJYPJ－03　煤焦油馏分油密度的测定方法

煤焦油馏分油的密度是煤焦油评价非常重要的基础数据之一。测定煤焦油馏分油密度可近似地评价其质量和化学组成。目前焦化油类产品的密度测定主要采用《GB/T 2281—2008 焦化油类产品密度试验方法》，即采用不同范围的密度计进行样品测量，相对于数字手持式密度计，其操作复杂，所需样品量较大。针对常温下为液态的煤焦油馏分油，在参考现行石化行业标准 SH/T 0604—2000《原油和石油产品密度测定法——U 形振动管法》[1]的基础上，建立了用数字手持式密度计 U 形振动管法测定煤焦油馏分油的密度。该方法方便、快捷、精确，具有很高的实用价值。

本方法的具体内容如下：

1　范围

本方法规定了使用 U 形振动管密度计测定煤焦油馏分油密度的方法。

本方法适用于在试验温度和压力下可处理成单相液体样品的密度。

2　引用文件

下列文件对于本文件的应用是必不可少的，凡是注日期的引用文件，仅注日期的版本适用于本文件。凡是不注日期的引用文件，其最新版本（包括所有的修改单）适用于本文件。

GB/T 3535《石油倾点测定法》。

GB/T 1885《石油计量表》。

3　术语和定义

密度 density

在规定温度下，单位体积内所含物质的质量数，以 kg/m^3 或 g/cm^3 表示。

注：当报告密度时，注明所用密度单位和温度。

4 分析原理

利用基于电磁引发的玻璃U形管的振荡频率（图1），即利用一块磁铁固定在U形玻璃测量管上，由振荡器使其产生振动，玻璃管的振动周期将被振动传感器测量得到。每一个U形玻璃管都有其特征频率或按固有频率振动。当玻璃管内充满物体后其频率会发生变化，不同的物质频率变化会有所不同，其频率为管内填充物质质量的函数。当物质的质量增加时其频率会降低，即振动周期T增加。测量时选择某些物质作为标准物质，测量频率后通过被测物质与标准物质之间振荡频率的差值计算出被测物质的密度值。

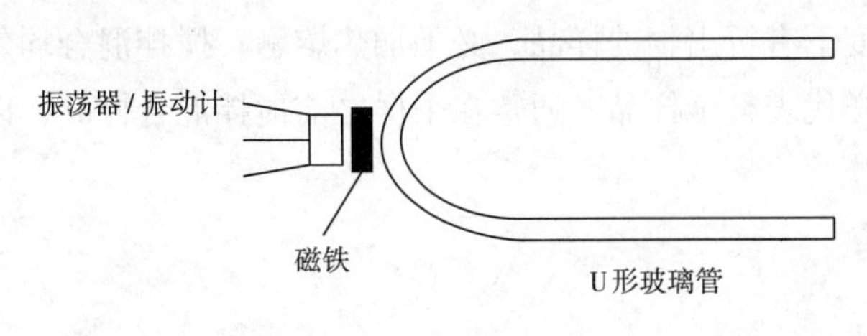

图1 振动管简图

5 试剂

除非另有规定，只能使用分析纯试剂。

5.1 洗涤溶剂：不腐蚀管路的任何溶剂均可使用，只要能得到清洁干燥的试样管。

5.2 过硫酸铵：配成8g/L过硫酸铵溶液。

警告：过硫酸铵是一种强氧化剂。

5.3 标定液体：标定试样管至少需要两种标定液，选择的标定液其密度范围应在试验样品的密度范围内，标定液的密度应能溯源到国家标准或采用国际公认的数值。

6 仪器设备

6.1 手持式数显密度计：经标定，密度分辨率为±0.1kg/m³或更高。

注：1. 密度计一般显示两种数字结果，一种为密度值，另一种为用来计算密度值的振动周期。

2. 当密度计试样管的温度低于环境空气的露点温度时，在试样管传感器和电子元件上会凝结水汽，这时要将周围的空气保持干燥。

6.2 循环恒温浴：如果需要恒温浴，要能使循环液体的温度保持在要求温度的±0.05℃内。

6.3 已校准的温度传感器：能测量试样管的温度精确到至少±0.10℃。通过试样管的能量传递速率是很低的，因此，为了使沿导线进出试样管的热量传递最小，应注意使用导线很细的传感器。

6.4 均化器：适用于样品及样品容器，能使样品均匀，可用高速剪切器、静态混合器以及其他合适的形式。

7 取样

7.1 要特别注意防止样品中任何挥发组分的损失，应尽可能在同一容器中进行样品的吸取、转移和存放。

7.2 在较低温度下有析出物的样品，必须加热熔融，搅拌混合均匀。

7.3 要确保试样代表整个样品，通常在采样之前搅拌混合样品，以保证均匀。

8 试验准备

8.1 试验温度

8.1.1 样品密度应尽可能在标准温度下测定。如果待测样品在标准温度下无法直接测量，选择测量的温度应高于按 GB/T 3535 测定倾点的20℃，并低于样品中出现气体的温度。

8.1.2 测量温度不能超过密度计的最高使用温度。如果密度计的试样管本身带有恒温器，按使用说明书设置试样管温度。否则，另外连接恒温浴，使温度保持平衡。

8.2 试样管的清洗

8.2.1 用洗涤溶剂清洗试样管，并用清洁干燥的空气吹干。

8.2.2 如果试样管出现有机沉淀物，用过硫酸铵溶液注入试样管清洗，排除过硫酸铵溶液后，用水清洗，再用与水互溶的洗涤溶剂清洗，最后用清洁干燥的空气吹干。

9 仪器标定

9.1 当首次安装、试验温度改变、维修或系统受干扰后，密度计都应标定。建议每周进行标定。

9.2 如果空气是一种标定物质，用环境空气充满试样管，记录密度读数或振动周期，可略去9.3。

9.3 注入第一种标定液到试样管中，使它和试样管达到温度平衡，记录振动周期或密度读数以及试样管的温度，按8.2清洗和干燥试样管。

9.4 注入第二种标定液到试样管中，使它和试样管达到温度平衡，记录振动周期或密度读数以及试样管的温度。

9.5 按使用说明书计算试样管常数。

9.6 标定后，按8.2步骤清洗和干燥试样管。

10 操作步骤

10.1 当环境空气充满试样管时，检查密度计读数，并与标定时达到的标准值比较应在其最小有效数字±1范围内。如果达不到，应重新清洗并干燥试样管，并再次检查。如果读数仍然超差，应重新标定密度计。

10.2 用合适的注射器或自动取样器把试样注入试样管中，按说明书中要求操作。

10.3 当使用自动进样器时，要加倍进样，避免带入气泡。

10.4 在任何阶段都不能使用虹吸样品的方法，因其可造成轻组分的损失。样品应倒入注射器，然后注入试样管，或用自动进样器通过压力把样品压入仪器中。

10.5 当密度计显示的密度读数稳定在0.1kg/m^{3}或振动周期达到五位有效数字时，记录显示的数字和试样管的温度精确至±0.1℃。

10.6 按8.2步骤清洁并干燥试样管。

10.7 如果振动周期或密度读数一直在漂移，说明试样管温度还没达到平衡。

10.8 如果读数随机变化，表明试样管中存在空气或气泡，这种情况下，应重新进样。如果由于气泡使读数变化，必须在较低温度下试验，以确保样品保持单相。

11 结果计算

11.1 如果密度计显示的是振动周期，由观察到的试样管的振动周期，按说明书计算样品的密度；若是密度值直接读取，并记录好对应的测量温度。

11.2 如果要求是标准温度下的密度而不是测量温度下的密度，需使用GB/T 1885，把密度换算到标准温度下的密度。

注：由于GB/T 1885石油计量表是基于Na－Ca玻璃温度计得到的，若不使用Na－Ca玻璃温度计测定密度时，在引用GB/T 1885石油计量表前，要考虑已包括在表中的密度计的玻璃膨胀修正的影响。

11.3 取重复测定两个试验结果的算术平均值作为报告值。密度最终结果报告为0.1 kg/m^{3}或0.0001g/cm^3，并备注测量温度，一般取20℃的密度值。

12 方法精密度

重复性限：在重复性条件下获得的两次独立测试结果的绝对差值在95%置信概率下两个结果之差不应超过0.0004g/cm^3。

13　报告

试验结果报告至少包括以下信息：

（1）样品标识；

（2）依据方法；

（3）试验结果；

（4）与方法的任何偏离；

（5）试验中出现的异常现象；

（6）试验日期。

参 考 文 献

［1］国家石油和化学工业局 . SH/T 0604—2000 原油和石油产品密度测定法——U 形振动管法［S］. 北京：化学工业出版社，2000.

MJYPJ-04 煤焦油及重质馏分油密度的测定方法

煤焦油及重质馏分油的密度是煤焦油评价非常重要的基础数据之一。测定煤焦油及重质馏分油密度可近似地评价其质量和化学组成。从化学组成看，烷烃的密度最小，环烷烃居中，芳烃的密度较大，含胶质和沥青质多的油品密度更大。

目前测定油品密度的方法通常有密度计法、比重瓶法和密度测定仪法。现行焦化油类产品的密度测定主要采用 GB/T 2281—2008《焦化油类产品密度试验方法》[1]，该方法采用密度计，只能测定试验温度下为液态的样品，不适用于煤焦油重质馏分油的测定。参考现行国标 GB/T 13377—2010《原油和液体或固体石油产品　密度或相对密度的测定——毛细管塞比重瓶和带刻度双毛细管比重瓶法》[2]，根据煤焦油及重质馏分油黏度大、常温下为凝固态或固态的特点，本方法规定了采用广口型比重瓶进行煤焦油及重质馏分油密度的测定。对于在测量温度下为非凝固态的煤焦油原料，规定采用 GB/T 2281—2008 标准方法。

本方法的具体内容如下：

1　范围

本方法规定了使用广口型比重瓶测定煤焦油及其重质馏分油密度的方法。

本方法适用于测定煤焦油及在试验温度下为凝固态的重质馏分油的密度。

2　方法概要

通过比较相同体积的试样和水的质量来确定密度。密度是在温度 t℃时单位体积的质量，单位以 g/cm^3、kg/m^3 表示。报告密度时要注明温度，在20℃时的密度称为标准密度，用 ρ_{20} 表示。

3　试剂和材料

3.1　标定液体：新煮沸并经冷却至 18～20℃的蒸馏水。

3.2　洗涤溶剂：乙醇、四氢呋喃、铬酸洗液。

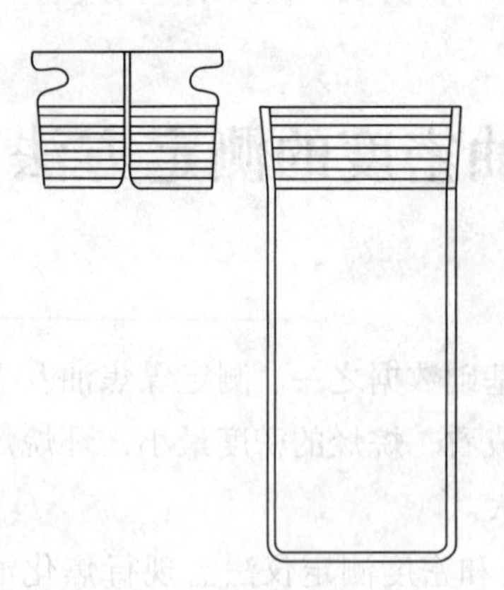

图1　广口型比重瓶

4　仪器设备

4.1　比重瓶：瓶颈上带有毛细管磨口塞子，容积为25mL的广口型比重瓶（图1）。

4.2　恒温浴：深度大于比重瓶高度的水浴，能保持水浴温度控制在所需温度的±0.1℃以内。

4.3　温度计：0～50℃或50～100℃，分度为0.1℃。

4.4　分析天平：分度值0.1mg。

4.5　比重瓶支架：固定比重瓶，使垂直于恒温浴的正确位置，可用金属或其他材料制成。

5　试验准备

5.1　先清除比重瓶和塞子的油污，经铬酸洗液彻底清洗、用水清洗后，再用蒸馏水冲洗并干燥。必要时可用过滤的干燥空气流清除水的痕迹。比重瓶应清洗到瓶的内、外壁上不挂水珠，水能从比重瓶内壁或毛细管塞内完全流出。

5.2　比重瓶校准

比重瓶的校准即比重瓶水质的测定。

5.2.1　将仔细洗涤、干燥并冷至室温的比重瓶称量，精确至0.0002g，空比重瓶质量记为m_1。

5.2.2　用注射器将新煮沸并冷却至18～20℃的蒸馏水装满至比重瓶顶端，加上塞子，然后放入（20±0.1）℃的恒温水浴中，至少保持30min，但不要浸没比重瓶或毛细管上端。待温度达到平衡，没有气泡，液面不再变动时，取出比重瓶，用一块清洁的无毛布擦干比重瓶的外壁，并将毛细管顶部过剩的水轻轻擦去，消除静电后称量，精确至0.0002g，装有水的比重瓶质量记为m_2。

5.2.3　比重瓶的20℃水值m_{20}按式（1）计算：

$$m_{20} = m_2 - m_1 \tag{1}$$

式中　m_{20}——比重瓶20℃的水值，g；

m_2——装有20℃水的比重瓶质量，g；

m_1——空比重瓶质量，g。

比重瓶的水值应测定3～5次取其算术平均值作为该比重瓶的水值。

5.2.4　如果需要测定t℃下的密度，可在所需温度t℃下测定比重瓶的水值m_t，操作方法同20℃水值的测定。

5.2.5　建议新比重瓶应在一年后重新校准水值，随后根据变化大小来确定校准间隔。

5.2.6　为确保高精度，应在不超过5℃的温度范围内进行称重，以限制空气密度的变化。

6　操作步骤

6.1　将恒温水浴调到所需的温度。

6.2　将已知水值的比重瓶称量，精确至0.0002g，空比重瓶质量记为m_1。

6.3　对煤焦油及煤焦油重质馏分试样，最好采用加入半瓶试样，勿使瓶壁污浊。如试样为脆性固体（如沥青），则粉碎或熔化后装入，然后用加热、抽空等办法以除去气泡，冷却到接近20℃。将上述比重瓶称量，精确至0.0002g，得到装有半瓶试样的比重瓶质量m_3。

6.4　用蒸馏水充满上述比重瓶。并放在20℃的恒温水浴中，恒温时间不少于30min，待温度达到平衡，没有气泡，液面不再变动时，取出比重瓶，用一块清洁的无毛布擦干比重瓶的外壁，并将毛细管顶部过剩的水轻轻擦去，消除静电后称量，精确至0.0002g，得到装有半瓶试样和水的比重瓶质量m_4。

6.5　当煤焦油原料在测量温度下为非凝固态时，不建议采用广口比重瓶法，可按照GB/T 2281—2008的规定方法测量。

7　结果计算

7.1　煤焦油及重质馏分油试样20℃的密度ρ_{20}，按式（2）计算：

$$\rho_{20} = \frac{(m_3 - m_1)(0.99820 - 0.0012)}{m_{20} - (m_4 - m_3)} + 0.0012 \tag{2}$$

式中　m_3——在20℃时装有半瓶试样的比重瓶质量，g；

m_1——空比重瓶质量，g；

m_{20}——在20℃时比重瓶的水值，g；

m_4——在20℃时装有半瓶试样和水的比重瓶质量，g；

0.99820——水在20℃的密度，g/cm³；

0.0012——在20℃、大气压为760mmHg（1mmHg = 133.32kPa）时空气的密度，g/cm³。

7.2　试样的t℃密度，按式（3）计算：

$$\rho_t = \frac{(m_3 - m_1)(\delta - 0.0012)}{m_t - (m_4 - m_3)} + 0.0012 \tag{3}$$

式中　m_4——在t℃时装有半瓶试样和水的比重瓶质量，g；

m_3——在t℃时装有半瓶试样的比重瓶质量，g；

m_1——空比重瓶质量，g；

m_t——在t℃时比重瓶的水值（在t℃下装有水的比重瓶质量减去空比重瓶质量），g；

δ——水t℃时的密度，g/cm^3，见附表；

0.0012——在20℃、大气压为760mmHg时空气的密度，g/cm^3。

7.3 取重复测定两个试验结果的算术平均值作为报告值。密度最终结果报告为0.1kg/m^3或0.0001g/cm^3，并备注测量温度，一般取20℃的密度值。

8 方法精密度

重复性限：在重复性条件下获得的两次独立测试结果的绝对差值在95%置信概率下两个结果之差不应超过以下数值。

试样	允许差数/（g/cm^3）
煤焦油原料	0.0004
重质馏分油	0.0010

注： 此精密度规定适用于20℃，对t℃测定时的精密度未作规定。

9 试验报告

试验结果报告至少包括以下信息：

①样品标识；

②依据方法；

③测试温度；

④试验结果；

⑤与方法的任何偏离；

⑥试验中出现的异常现象；

⑦试验日期。

附表 水的密度表

（补充件）

温度/℃	密度/（g/cm^3）	温度/℃	密度/（g/cm^3）	温度/℃	密度/（g/cm^3）
0	0.99984	20	0.99820	39	0.99260
1	0.99990	21	0.99799	40	0.99222
2	0.99994	22	0.99777	45	0.99021
3	0.99996	23	0.99754	50	0.98804
4	0.99997	24	0.99730	55	0.98570
5	0.99996	25	0.99704	60	0.98321

续表

温度/℃	密度/（g/cm^3）	温度/℃	密度/（g/cm^3）	温度/℃	密度/（g/cm^3）
6	0.99994	26	0.99678	65	0.98056
7	0.99990	27	0.99651	70	0.97778
8	0.99985	28	0.99623	75	0.97486
9	0.99978	29	0.99594	80	0.97180
10	0.99970	30	0.99565	85	0.96862
11	0.99960	31	0.09534	90	0.96531
12	0.99950	32	0.99503	95	0.96189
13	0.99938	33	0.99470	98.89	0.95914
14	0.99924	34	0.99437	100	0.95835
15	0.99910	35	0.99403		
16	0.99894	36	0.99368		
17	0.99877	37	0.99333		
18	0.99860	37.78	0.99306		
19	0.99840	38	0.99297		

参 考 文 献

[1] 中华人民共和国国家质量监督检验检疫总局 中国国家标准化管理委员会. GB/T 2281—2008 焦化油类产品密度试验方法［S］. 北京：中国标准出版社，2008.

[2] 中华人民共和国国家质量监督检验检疫总局 中国国家标准化管理委员会. GB/T 13377—2010 原油和液体或固体石油产品密度或相对密度的测定——毛细管塞比重瓶和带刻度双毛细管比重瓶法［S］. 北京：中国标准出版社，2011.

MJYPJ－05　煤焦油实沸点蒸馏试验方法

实沸点蒸馏是煤焦油评价中的重要内容之一，也是煤焦油评价的核心。实沸点蒸馏是在实验室用一套分离精度较高（14～17块理论塔板）的间歇式常压、减压蒸馏装置，把煤焦油样品按照沸点由低到高的顺序切割成多个宽、窄馏分，得到各馏分油的质量收率或体积收率并对馏分油进行性质分析。由于实沸点蒸馏分馏精度较高，其馏出温度与馏出物的实际沸点相近，可以近似反映出样品中各组分沸点的真实情况。蒸馏所得馏分油进行进一步分析研究，获取煤焦油加工工艺过程所需要的工程设计基础物性数据和参数。

煤焦油的实沸点蒸馏试验方法参考现行国标GB/T 17280—2009《原油蒸馏标准试验方法15——理论板蒸馏柱》[1]。但是，此标准实沸点蒸馏试验中馏分冷却器外循环介质温度较低，在煤焦油实沸点蒸馏过程中，由于煤焦油某些馏分油凝点较高，易造成流出管线堵塞而导致蒸馏试验无法继续进行，故本方法改用循环油浴。

本方法的主要内容如下：

1　范围

本方法规定了对煤焦油进行蒸馏，最终达到一个相当于常压温度（AET）400℃的切割温度的操作过程。本方法使用具有14～18块理论塔板的蒸馏柱，在回流比5:1条件下操作。

本方法介绍了一种得到煤焦油馏分油及残渣馏分质量收率或体积收率的方法。由蒸馏数据可以绘出温度与蒸馏馏分油的质量收率（质量分数,%）曲线图。该蒸馏曲线符合实验室技术，定义为15/5（15理论板蒸馏柱，5:1回流比）或称为实沸点（TBP）曲线。

本方法适用于中、低温煤焦油和高温煤焦油及煤焦油混合物。

2　引用文件

下列文件对于本文件的应用是必不可少的，凡是注日期的引用文件，仅注日期的版本适用于本文件。凡是不注日期的引用文件，其最新版本（包括所有的修改单）适用于本文件。

GB/T 17280《原油蒸馏标准试验方法15—理论板蒸馏柱》。

MJYPJ - 01　煤焦油的采样方法。

MJYPJ - 02　煤焦油及馏分油水分测定方法。

MJYPJ - 03　煤焦油馏分油密度的测定方法。

MJYPJ - 04　煤焦油及重质馏分油密度的测定方法。

3　术语和定义

GB/T 17280—2009 界定的术语和定义适用于本标准。

3.1　绝热性（adiabaticity）

整个蒸馏柱没有明显的热量增加或热量损失状况。

当蒸馏一个化合物的混合物时，在回流比下降时，蒸馏柱网流有正常的增加。当蒸馏柱发生热量损失，其柱内回流比柱头回流异常的增大，而柱保温套加热过量时，情况则相反。

3.2　蒸出速率（boilup rate）

单位时间内进入蒸馏柱的蒸汽量。对给定的蒸馏柱以 mL/h 表示。

3.3　蒸馏压力（distillation pressure）

蒸馏压力测量应尽可能靠近出现蒸汽的部位，通常在冷凝器的顶端。

3.4　蒸馏温度（distillation temperature）

在蒸馏柱顶部测定的饱和蒸汽温度。此温度也称为柱头温度或气相温度。

3.5　动滞留量（dynamic hold-up）

在正常操作条件下，蒸馏柱中滞留液体的量。

对填料柱以填充的体积百分数表示，以便该数据能与其他填料进行比较。对板式蒸馏柱，以毫升每板（mL/板）表示，由于板式柱的塔板间距各不相同，其数据仅能在相同直径的板式柱之间比较。填料柱与板式柱之间的数据不能比较，除非这些数据都以毫升每理论板（mL/理论板）的绝对单位表示（表 1）。动滞留量随蒸出速率增大而增加，直到泛点，且随蒸馏柱种类不同而异。

3.6　泛点（flood point）

在蒸馏柱中迅速上升的蒸汽阻碍液体向下回流，当柱中瞬间充满液体时即为泛点。

此时，蒸汽无法到达蒸馏柱的顶部，应降低蒸馏釜的加热量，重新建立正常的操作。

3.7　内回流（internal reflux）

液体在蒸馏柱内正常向下流动。

在蒸馏柱绝热条件下，蒸馏一个纯化合物时，内回流从柱顶到柱底是恒定不变的，等于分配器内的回流。蒸馏煤焦油时，因在滞留量中出现分馏作用形成温度梯度，使柱底部的内回流量变得较大。

3.8　压力降（pressure drop）

冷凝器和蒸馏釜之间的压力差。

填料柱的压力降以填料高度的 kPa/m 表示，板式柱的压力降以塔柱总高度的 kPa 表示。在给定蒸出速率下，芳烃的压力降比链烷烃的压力降高，相对分子质量大的压力降比相对分子质量小的压力降高。

3.9　回流比（reflux ratio，R）

回流液与馏出液之比。

蒸汽到达蒸馏柱的头部全部冷凝成液体，它分为两部分：一部分回到蒸馏柱中称为回流液（L）；另一部分作为蒸馏的产品流出，称为馏出液（D）。回流比为（$R=L/D$），它可由零（$L=0$，无回流）到无穷大（$D=0$，全回流）。

3.10　静滞留量或润湿量（static hold-up or wettage）

蒸馏结束排除液体后，蒸馏柱中保留液体的量。

静滞留量表明填料或塔板设计的特性，它取决于在最后切割点时柱内物质的组成和最终温度。

3.11　流出速率（take off rate）

由回流分配器流出产品的速率，以 mL/h 表示。

3.12　理论板（theoretical plate）

气液相之间达到热力学平衡所需要的蒸馏柱段即为理论板。

填料柱以一块理论板的相应高度即等板高度（HETP）以 mm 表示，对实际的板式柱，其效率是以一块实际塔板相当于一块理论板的百分数表示。

表 1　常压下在最大蒸出速率的 75% 时正庚烷一甲基环已烷试验混合物数据

填料名称		填料 Propak	填料 Helipak	填料 Peforated Plate
塔内径/mm		25	25	25
填料尺寸/mm		4	No. 2917	不适用
蒸出速率/［mL/（h·cm^2）］		650	300	640
动滞留量	填料体积分数/%	17	15	不适用
	mL/理论板	3.2	1.6	2.8
压力降	kPa/m	1.2	1.53	不适用
	kPa/理论板	0.045	0.03	0.15
等板高度（HETP）/mm（实际板数的%）		38	21	（60%）

续表

填料名称		填料 Propak	填料 Helipak	填料 Peforated Plate
对15理论板的塔	填料高度/cm（板数）	57	31.5	(25)
	填料体积/mL	280	155	不适用
	动滞留量/mL	47	23	42
	压力降/（kPa/m）	0.68	0.48	2.2
装样体积/L 最小（4%滞留量）		1.2	0.575	1.0
最大（1%滞留量）		4.8	2.3	4.2

4 方法概述

4.1 称量1~5L的煤焦油样品，蒸馏到最高温度为常压相当温度（AET）400℃，在全回流时，蒸馏柱的效率具有14~18块理论塔板数。

4.2 除在最低压力段，即在0.674kPa和0.27kPa之间蒸馏时，除回流比选择为2:1外，其余各段压力下的回流比均为5:1。在合作试验或出现疑问时，对低压力段回流比和切割点温度的确定，在蒸馏开始前各有关方应协调一致。

4.3 温度、压力及其他变量的观测，应按一定时间间隔进行，并在每个馏分达到切割点时或馏分切割结束后记录下来。

4.4 得到每个切割馏分的质量和密度，从包括液化气和残液在内的所有馏分计算出蒸馏的质量收率，根据质量和密度计算出所有馏分和残液在20℃时的体积收率。

4.5 根据所得数据，在相当于常压温度与质量收率或体积收率的二者之一绘图，绘出实沸点蒸馏曲线（TBP）。

5 意义和用途

5.1 本方法是评价煤焦油价值的方法之一，它提供了不同沸点范围馏分收率的估计值，并由此技术研究它具有的商业价值。

5.2 本方法符合实验室蒸馏标准，蒸馏柱效为15/5。蒸馏所得馏分油可作为样品或配制成一系列样品以便进一步分析研究，为工程应用和评价产品的质量提供基础数据。蒸馏所得馏分油的预配制及性质评价不包括在本方法中。

5.3 本方法可以作为中、低温煤焦油和高温煤焦油及煤焦油混合物的分析检验手段。

6　试剂和材料

6.1　甲苯：分析纯。

6.2　硅润滑脂：专门为高真空度应用而生产的高真空硅润滑脂。

6.3　氮气：纯度为99%以上。

6.4　油浴介质：在150℃下可长周期使用。

7　仪器设备

7.1　常压蒸馏

仪器所有部件应符合第7章要求，自动仪器也应符合同样的要求，典型的蒸馏仪器如图1所示。

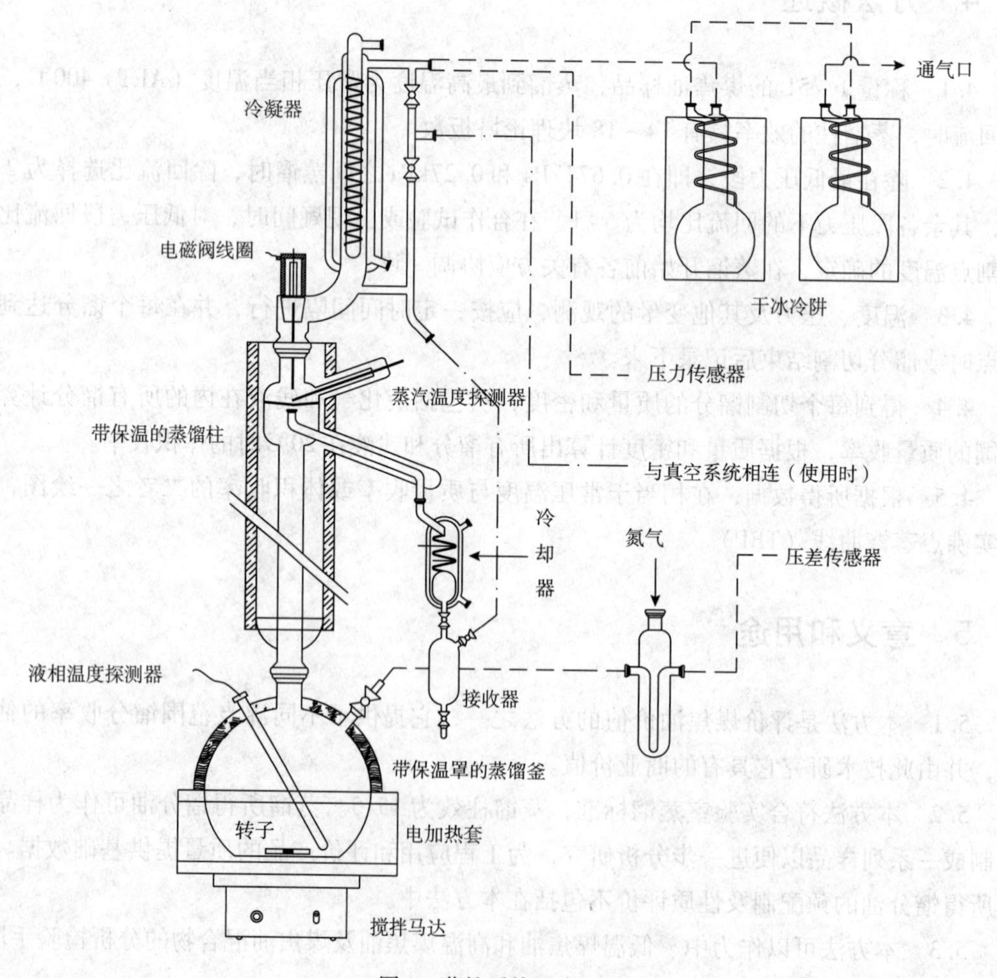

图1　蒸馏系统示意图

7.1.1 蒸馏釜

蒸馏釜的体积应与蒸馏柱相匹配：蒸馏釜装样量多少应由蒸馏柱的滞留量特性来决定（具体数据见表1和附录A）；蒸馏釜的体积至少应大于试样体积的50%。一般蒸馏釜的体积在1~5L之间，蒸馏釜应有两个侧口臂（至少1个）。

（1）蒸馏釜上的一个侧口臂用来安装热电偶套管，套管插入深度距离釜底约5mm，确保在蒸馏结束时，热电偶套管末端仍侵在液体中。另一个侧口臂用于吹氮气、测量压力降或为机械搅拌，也可两者兼用。

（2）如果使用磁力搅拌器用于球型蒸馏釜，要求蒸馏釜的釜底稍平或稍凹，目的是使磁力搅拌器在搅拌时不碰撞釜壁。在这种情况下，为避开磁性搅拌转子，热电偶套管末端应偏离釜底中心（40±5）mm。也可用防暴沸材料代替搅拌器。

7.1.2 加热系统

蒸馏釜的加热，在各个压力段下蒸馏时加热速度应始终维持平稳状态，并保持液体充分沸腾。电加热套能够包围住不少于蒸馏釜一半的体积，加热套的热量分布为底部中央占1/3，周围占2/3。使用比例式控制器时，可通过手动调节每个回路上的可变变压器来调节加热量，压力传感器根据不同压差，自动控制较小的加热器或者由蒸馏速率直接控制加热量。

（1）为确保煤焦油在蒸馏过程中充分沸腾，最小加热功率需要约为0.125W/mL试样。为了快速加热，宜采用上述两倍的加热功率（即0.25W/mL试样）进行加热。

（2）加热套的加热密度大约在0.5~0.6W/cm^2之间，为保证加热套的使用寿命，应使用镍加固的石英纤维编织物。

（3）蒸馏釜的上半部应覆盖一个半圆形的加热套，防止蒸馏釜上部表面的热量损失，该加热套应具有在满载电压下提供最大加热功率约为0.25W/cm^2的能力。

7.1.3 蒸馏柱

蒸馏柱内应装有与表1中所列性能类似的填料或塔板，并应满足（1）~（3）的技术规范要求。

（1）蒸馏柱的内径应在25~70mm之间。

（2）在全回流下测定的效率应在14块和18块理论板之间。

（3）蒸馏柱的玻璃内柱和回流分配阀应全部被密封在高反射的真空套管内，夹套中的残压始终低于0.1mPa。

（4）蒸馏柱应密封在绝热系统中，如用玻璃纤维套包紧，以保证维持玻璃夹套外壁温度与内部蒸汽温度相近。真空夹套上应装有温度传感器，可将热电偶焊在约6cm^2的薄铜片或黄铜片上，并固定在玻璃夹套的外壁上，其位置恰好位于回流分配器的下方。

注：对某些类型蒸馏柱来说，无热补偿和有热补偿蒸馏柱之间的产率和馏分质量没有明显的差别。在这种情况下，与用户经过协调统一意见，绝热系统的应用可忽略。

（5）可调节的回流分配器应安装在填料顶部或最上层塔板上方约一个蒸馏柱直径距离

的位置。流出速率应在最大蒸出速率的 25% ~95% 范围内，对冷凝液的分离精度应在90% 以上。

7.1.4　冷阱

蒸馏开始时，在冷凝器管线出口应串联两个盛有干冰和乙醇混合物制冷的高效冷阱，冷凝蒸馏初期产生的轻烃。对于减压蒸馏，也可用盛有干冰的杜瓦瓶型冷阱冷却来自柱头的蒸汽，以保护真空仪表。

7.1.5　馏分油收集器

蒸馏仪器的一部分，用以收集蒸馏得到的馏分油。馏分油接收器可在常压、减压蒸馏操作时连续地接收蒸出馏分油，此期间无需中断蒸馏。在减压蒸馏时，可在不破坏蒸馏柱内的条件下取出馏分油。

7.1.6　产品接收管

接收管应有合适的体积，要与蒸馏开始时装入蒸馏釜中煤焦油的体积相对应，每个接收管的容量一般为 100 ~ 250mL，其刻度应经过标定，最小刻度读数允许读至总体积的1%。

7.2　减压蒸馏

除 7.1 所列仪器以外，减压蒸馏时还应包括下列仪器设备：

7.2.1　真空泵

真空系统在各段减压操作时应保持系统压力平稳，具有在 30s 内把馏分油收集器从常压抽真空至 0.25kPa 的能力，以避免收集器在减压下排空时干扰系统压力。也可单独使用一个真空泵，专为接收馏分油时使用。

7.2.2　真空压力表

真空压力表与系统的连接点应靠近回流分配阀头部，连接管的直径应足够大，确保在管线中无可测得的压力降产生，不应将真空压力表连接到靠近真空泵的地方。也可在压力表安放处进行缓冲设计（如装在缓冲瓶上），以确保数据稳定、可靠；同时可防止来自冷凝器的蒸汽组分和水蒸气的影响。

7.2.3　压力调节器

在所有减压操作过程中，压力调节器的作用应保持系统压力基本恒定。当要求恒压时，压力调节器就能在靠近真空泵的抽气管线上间断地吸进空气，以实现自动恒压的目的。电磁阀是理想的压力调节器，它应安装在真空泵与容量最少 10L 的缓冲罐之间。此外，也可靠训练有素的操作人员谨慎地手动调节泄气阀达到恒压的目的。

7.3　传感器和记录仪

7.3.1　温度传感器

仅用于温度测量系统，并应满足（1）和（2）的需求。

（1）蒸汽温度传感器可使用铂电阻，其顶部焊接在热偶套管底部的一种 J 型温度传感器，或任何满足本条和（2）要求的传感器。温度传感器的触点应置于填料的顶部或最高

层玻璃塔板上紧靠近回流分配器，而又接触不到回流液体的地方。

（2）蒸汽温度传感器测量仪应具有0.5℃或更高的测量精度，及0.1℃或更低的分辨率。液相温度测量仪应具有1.0℃或更高的测量精度，及0.5℃或更低的分辨率。记录温度分为手动或自动两种方式，可任意选择。

（3）按附录B对温度传感器进行校准。经过检定的传感器也可使用，应提供一个传感器的校准和能够溯源到原始温度标准的记录仪器。在首次使用一个温度传感器及与其相关联的仪器时，应对所测定的全部温度范围（0～400℃）进行校准。任何传感器或仪器被检修或维修后，都应重新进行校准。温度传感器的校准应按统一规定的标准进行，蒸汽温度传感器宜一个月进行一次校准，液相温度传感器宜每6个月进行一次校准。温度传感器的校准，可用标准精密电阻或蒸馏一种已知准确沸点的纯化合物来完成。

7.3.2　真空表

作为原始标准真空表的非侧倾麦式真空表和水银压力计，如使用正确和保养得当，无需校准也可使用。如果传感器和它连接的记录仪能够溯源到原始的压力标准，也可选择气体压力计或已鉴定的电子传感器，隔膜型的传感器也能得到满意的效果。以热线圈，辐射或电导检测器为基础的真空表都不宜使用。

（1）测量减压的压力时，真空压力表准确度至少不应低于表2数值。

表2　真空压力表准确度要求

蒸馏压力/kPa	准确度/kPa
100～13.3	0.13
13.3～1.33	0.013
1.33～0.266	0.006

（2）对没有经过标定的压力表，可用麦式真空表或可溯源到原始标准的次级电子标准器进行标定。任何传感器或仪器被检修或维修后，都应重新进行标定。电子压力传感器的校准应按统一规定的标准进行，压力传感器宜至少一个月进行一次校准。

7.3.3　蒸出速率

蒸出速率通常由蒸馏柱中敏感的压力降控制，操作期间的压力降，由连接在蒸馏釜和冷凝器之间的压力计或压力传感器进行测量。为防止连接管凝结堵塞，可在压力传感器和蒸馏釜（图1）之间接入非常小流量的氮气（8cm^2/s）或在压力传感器和蒸馏釜之间安装一个小的水冷却制冷装置。另外，蒸出速率也可通过测量流出速率来控制。

7.4　天平：分度值为0.1g。

8　取样

8.1　依据MJYPJ－01煤焦油的采样方法进行取样，试样应放在密闭容器中，并且没有渗漏的迹象。

8.2 在盛试样容器打开以前，鉴别样品的状态，如果是黏稠样品，在适宜的温度下加热使其变为流动态，搅拌均匀后取样；如果是流动性较好的样品，采用任何搅拌方法，使其试样均匀。

8.3 按 MJYPJ-02 试验方法或任何适当的方法测定试样的水含量。如果水含量大于0.3%（质量分数）时，试样在蒸馏前应进行脱水。煤焦油脱水试验方法见附录 D。

9 仪器的准备

9.1 蒸馏开始前，蒸馏柱及全部玻璃仪器均应清洗和干燥。

9.2 检查并确认系统的密闭性。确保所有加热器、控制系统和仪器仪表均达到工作状态。

10 操作步骤

10.1 装入试样

10.1.1 装入试样量多少应由动滞留量决定，当按最大蒸出速率的75%（表1）操作时，动滞留量应为装入试样量的1%～4%。

10.1.2 按 MJYPJ-04 试验方法测定煤焦油试样的密度。

10.1.3 按进样量体积的±5%计算出相应煤焦油的质量，装入蒸馏釜中的试样称准至0.1g。

10.1.4 将盛有试样的蒸馏釜连接到蒸馏柱上，并连接压力测量装置。安装好加热系统、搅拌器和支架。

警告：在蒸馏煤焦油时，常常从煤焦油中蒸出有毒的气体，应采取防范措施，可将气体通入冷阱吸收或排放到安全地带。

10.2 常压蒸馏

10.2.1 使冷却器管线和接收器与冷却器温度一致，均保持低于10℃。打开蒸馏柱保温套加热控制开关，并使蒸馏柱夹套的温度低于蒸汽温度。

10.2.2 启动搅拌器，加热蒸馏釜，调整加热量，蒸馏柱在全回流下操作，当回流分配器中有第一滴冷凝液出现时，记录此时的蒸汽温度作为此样品的初始蒸汽温度。

10.2.3 调整加热量，维持蒸出速率在最大蒸出速率的75%左右。蒸馏柱的蒸馏速率可由从表1中查得的蒸出速率乘以蒸馏柱的横截面积再除以回流比加上1来估算。

10.2.4 控制回流比为5:1，周期在18～30s之间。

10.2.5 蒸馏时切取适当范围的馏分油，通常的馏分宽度宜是15℃或25℃。

10.2.6 每个馏分油切割结束或到达切割点时，记录以下观测内容：

①时间，h 或 min；

②体积，mL；

③蒸汽温度,℃，读准至 0.5℃；

④液相温度,℃，读准至 1℃；

⑤大气压力，kPa；

⑥蒸馏柱内压力降，kPa。

10.2.7　如果观察到有液泛现象时，应降低蒸馏釜的加热强度，继续馏出到恢复正常操作状态。如果在这期间有馏分油需要切割，应停止蒸馏，冷却蒸馏釜中的试样，并将此时已经切割出的馏分倒回蒸馏釜中。重新开始蒸馏，保持全回流不超过 15min，并在馏分继续流出前恢复到正常操作条件。在刚开始的 5℃内不应切割馏分油。

10.2.8　继续切割馏分油直至达到设置的最高蒸汽温度或蒸馏釜中试样出现裂化迹象时为止。明显的裂化迹象是在蒸馏釜内及稍后在回流分配器上部出现油雾。此时，蒸汽温度不应超过 210℃，而蒸馏釜内液体温度不应超过 310℃。

注：蒸馏过程中，随时调整合适的油浴介质温度，以保证管线中无冷凝物质析出。

10.2.9　关闭回流阀和加热系统，冷却蒸馏釜中的液体，使其冷却到在 13.3kPa 压力条件下，能够开始蒸馏而不发生液泛现象的温度。这个温度可由减压时预期的初始蒸汽温度加 Δt 来估算，Δt 是常压操作时蒸馏釜内液体温度和蒸汽温度之差或由最后记录的液体温度减去 Δt 来估算。

注：冷却蒸馏釜内液体时，移开加热套后，用压缩空气轻轻吹扫蒸馏釜，避免使用冷空气强烈喷射，也可打开蒸馏釜冷却盘管中的冷却液。

10.2.10　称量全部馏分油的质量，并分别测量各馏分油在 20℃的密度。

10.3　在 13.3kPa 压力下蒸馏

10.3.1　如果需要进一步切割更高温度下的馏分，可在减压下继续进行，其最高温度仍以蒸馏釜中沸腾的液体不产生裂化迹象为准，多数情况是 310℃。任何情况下，在开始馏出温度的 5℃内不应切割馏分油，因为此时蒸馏柱还没有达到平衡。

10.3.2　连接真空泵和控制系统到仪器上，如图 1 所示，打开压力控制系统。

10.3.3　启动真空泵，调节压力逐渐达到 13.3kPa 或采用压力调节器控制到此压力值。蒸馏釜中液体的温度应低于在 13.3kPa 压力下将要沸腾的温度。如果在压力到达 13.3kPa 之前液体沸腾，则应立即提高压力并进一步冷却，直到在此压力下液体不再沸腾为止。

10.3.4　加热蒸馏釜，使回流分配器内有适当流速的回流，加热蒸馏柱到操作温度，这一过程约需 15min。立刻停止加热并通入氮气升高压力约 1min，使滞留在蒸馏柱里的液体返回到蒸馏釜中。

10.3.5　重新加热蒸馏釜、调整加热速度，维持恒定的操作压力，使之在此压力条件下，蒸出速率相当于最大蒸出速率的 75% 左右，并及时切割馏分油。在整个蒸馏过程中，蒸馏柱夹套温度应比蒸汽温度低0～5℃。

10.3.6　按10.2.4切割适当范围的馏分油。

10.3.7　每个馏分油切割结束并达到切割点时，记录以下观测内容：

①时间，h或min；

②室温下的体积，mL；

③蒸汽温度及修正值,℃，读准至0.5℃；

④液相温度,℃，读准至1℃；

⑤蒸馏柱内的压力降，kPa；

⑥蒸馏柱顶部测得的操作压力应进行修正，kPa；

⑦由附录B查出常压相当温度（AET),℃。

10.3.8　连续切取馏分油直到达到所要求的最高切割点温度或直到试样出现裂化迹象。蒸馏时有明显的裂化现象，表现为蒸馏釜中有油雾出现，系统压力升高。蒸馏釜内温度不应超过310℃。

警告：自动真空压力控制器可能掩盖裂化现象引起的压力稍微升高，应留心避免这种现象。

10.3.9　这段减压蒸馏完成后，关闭回流阀和加热系统。冷却蒸馏釜液体使其温度降低到在更低的压力下蒸馏时不沸腾。此温度可由低压力下操作时预计的初始蒸汽温度加上气液两相温度差Δt来估算，也可由最终记录的液相温度减去Δt来估算。

10.3.10　称量全部馏分的质量并测定其20℃的密度。

10.4　在低压下蒸馏

10.4.1　如果没有达到最终切割温度，受到前面同样的限制（见10.3.1)，蒸馏可在更低的压力下继续进行，可使用13.3kPa和0.266kPa之间的一个压力。由于最高切割温度是400℃，宜采用在最小压力下进行蒸馏。

10.4.2　调节压力达到预定值，如果在压力到达此值之前液体已沸腾，则应升高压力并进一步冷却，直到在预定压力下液体不沸腾，而后按10.3.4进行操作。

10.4.3　冷凝器选用循环水冷却；馏分冷却器选用外循环油浴，必要时采用加热方式以保证馏分冷却器或流出管线中无冷凝物析出。

10.4.4　按10.3.5～10.3.8继续减压操作，在操作期间，如果事先约定改变回流比，应在报告中注明。按附录C转换和修正切割点的蒸汽温度到常压相当温度（AET)。

10.4.5　定期检查冷却器中冷凝液滴落的是否正常，馏出物在流出管线中的流动是否均匀，如果发现有冷凝物析出，应按10.4.3要求对馏分冷却器的油浴介质进行加热。

10.4.6　当蒸馏达到最终切割点或液相温度和柱内压力达到极限妨碍进一步蒸馏时，应关闭回流阀和加热系统，保持在减压下冷却系统。

10.4.7　当蒸馏釜中残留液体的温度降至150℃以下时，关掉真空泵。向蒸馏系统中

通入氮气或其他惰性气体吹扫，但不能通入空气。

警告：当蒸馏釜残留液的温度较高时，放入空气易导致着火，爆炸等危害。

10.4.8 停止冷凝器及辅助设备的循环冷却水，取下装有残液的蒸馏釜。装上一个盛有一定量溶剂的蒸馏釜，加热至沸腾清洗蒸馏柱、冷凝器和流出管线中滞留的残留物，回收残留在蒸馏柱中的静滞留量。在高于溶剂沸点10℃以上温度时回收残留物，用少量纯的氮气流吹扫以脱出溶剂。静滞留量可单独作为一个馏分油与蒸馏釜中的残液合并测定密度。

10.4.9 称量全部馏分油和蒸馏釜中残液质量，并且用 MJYPJ-03 和 MJYPJ-04 试验方法或任何适当的方法测定20℃的密度。

11 结果计算

11.1 按式（1）计算每个馏分油及残液的质量收率，准确到0.1%。

$$w = \frac{m_1}{m} \times 100 \tag{1}$$

式中 w ——馏分油和残液的质量收率（质量分数），%；

m_1 ——馏分油和残液的质量，g；

m ——无水煤焦油试样的质量，g。

11.2 滞留量作为一个单独馏分或并入残液中，可按10.4.8回收测定。

$$w_1 = 100 - \left[\Sigma 100 \left(\frac{m_1}{m} \right) \right] \tag{2}$$

式中 w_1 ——质量收率损失（质量分数），%。

计算出的质量收率损失应不大于0.50%，否则蒸馏结果无效。当损失小于0.50%时，则把损失的2/3归到冷阱的馏分油中，1/3归到第一个石脑油馏分中。如果冷阱中没有收集到冷凝物，则把损失归一地分配到各个馏分中。

11.3 按式（3）计算试样在20℃的体积，单位为mL。

$$V = \frac{m}{\rho} \tag{3}$$

式中 V ——试样的体积，mL；

m ——试样的质量，g；

ρ ——试样在20℃的密度，g/mL。

11.4 按式（4）计算每个馏分油及残液在20℃的体积，mL。

$$V_1 = \frac{m_1}{\rho_1} \tag{4}$$

式中 V_1 ——试样的体积，mL；

m_1 ——试样的质量，g；

ρ_1 ——试样在20℃的密度，g/mL。

11.5　按式（5）计算每个馏分油的体积收率，准确到0.1%。

$$\varphi = 100 \times \frac{V_1}{V} \tag{5}$$

式中　φ ——馏分油和残液的体积收率（体积分数），%。

11.6　按式（6）计算体积收率损失，准确到0.1%。

$$\varphi_1 = 100 - \left[\sum 100\left(\frac{V_1}{V}\right) \right] \tag{6}$$

式中　φ_1 ——体积收率损失（体积分数），%。

按上式计算结果得出负值，这是由体积膨胀引起的，对沸点低于150℃的各个馏分油，按体积膨胀或缩小与其收率成比例进行归一化处理。

12　方法精密度

重复性限：在重复性条件下获得的两次独立测试结果的绝对差值在95%置信概率下应不大于超过表3规定的数值。

表3　方法精密度

项　目	重复性限/%	
	质量收率	体积收率
常压蒸馏	0.8	0.8
减压蒸馏	1.2	1.2

13　试验报告

13.1　蒸馏结果汇总表，应包括以下内容：

①装入试样的质量，g；

②试样在20℃的密度，g/mL；

③试样在20℃的体积，mL；

④质量收率和体积收率的增加或损失，准确到0.1%；

⑤每个馏分的质量收率或体积收率，质量分数或体积分数，准确到0.1%；

⑥累计的质量收率或体积收率，质量分数或体积分数，%；

⑦试样含水的质量，g。

13.2　每个馏分油及残液应按沸点由低到高的顺序列表。

13.3　将10.2.5、10.3.7和10.4.4中得到的操作数据，以表格列出。

13.4　以沸点温度为纵坐标（Y 轴），质量收率或体积收率为横坐标（X 轴）作图，绘出实沸点蒸馏曲线。

附录 A

蒸馏柱动力滞留量测定试验方法

A.1　范围

本试验方法使用十八碳硬脂酸溶于正庚烷中的混合物试验，测定蒸馏柱动滞留量。

A.2　试验方法概述

在全回流条件下，蒸馏十八碳硬脂酸和正庚烷的试验混合物，由原始混合物中的十八碳硬脂酸浓度与回流时浓度之差，计算蒸馏柱动滞留量。

A.3　意义与用途

A.3.1　进样量应满足蒸馏柱在 75% 的蒸出速率时，动滞留量占进样量的 1% ~4%。

A.3.2　颗粒填料性能足够好，表 1 中的滞留量数据可代替本方法。

A.4　仪器

A.4.1　相关仪器如图 A.1 所示。它由以下部分组成。

（1）具有合适体积、经过标定的可加热的球型釜，见图 A.2。

（2）蒸馏柱和冷凝器。

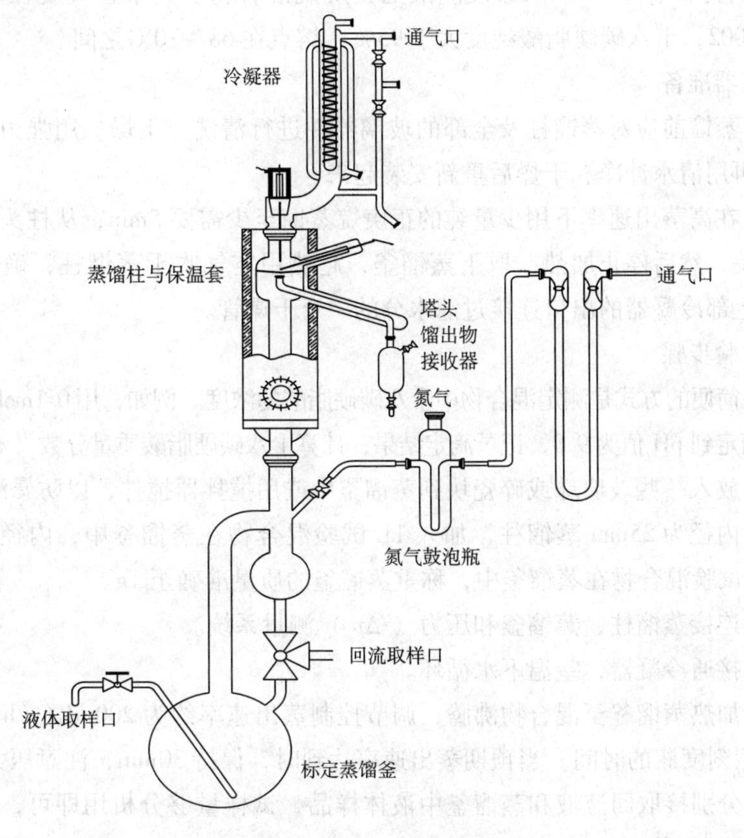

图 A.1　动滞留量测定仪器

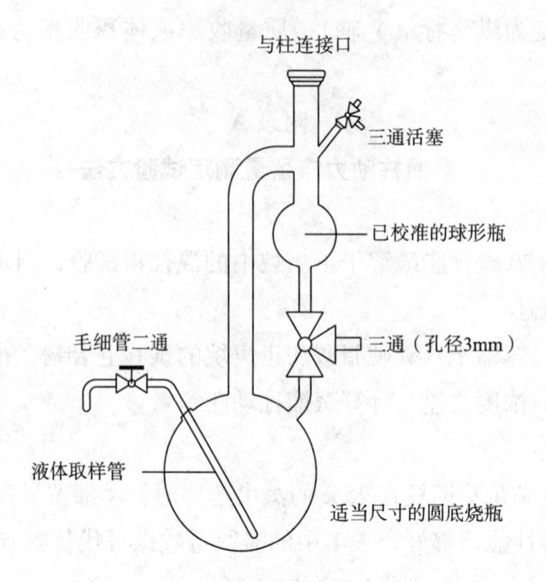

图 A. 2　蒸出速率计时器

（3）压力计或相当的测量蒸馏柱内压力降的仪器。

A. 5　试剂和材料

试验试剂为含有 20% 十八碳硬脂酸的正庚烷混合物。其中正庚烷在 20℃ 折光率为 1. 3878 ±0. 0002，十八碳硬脂酸纯度大于 95%，熔点在 68 ~70℃之间。

A. 6　仪器准备

A. 6. 1　蒸馏前应对蒸馏柱及全部的玻璃器件进行清洗、干燥。用强力去污剂对仪器进行清洗，再用清水冲净、干燥后重新安装起来。

A. 6. 2　在高蒸出速率下用少量纯的正庚烷蒸馏至少需要 5min，从柱头分几次间隔接取少量正庚烷，然后停止加热，取下蒸馏釜，趁热用空气吹干蒸馏柱，确保仪器完全干燥。在柱头上部冷凝器的出口连接过滤水分的一个干燥管。

A. 7　试验步骤

A. 7. 1　简便的方式是测定混合物中十八碳硬脂酸的浓度。例如，用 0. 1mol/L 氢氧化钠溶液进行电位滴定到 pH 值为 9. 0，记录滴定结果，计算十八碳硬脂酸质量分数（ w_0 ）。

A. 7. 2　放入一些玻璃珠或碎瓷块到蒸馏釜中或用搅拌器搅拌，以防暴沸。

A. 7. 3　内径为 25mm 蒸馏柱，加入 1L 试验混合物在蒸馏釜中，内径为 50mm 蒸馏柱，加入 4L 试验混合物在蒸馏釜中，称重蒸馏釜的质量准确至 1g。

A. 7. 4　连接蒸馏柱、蒸馏釜和压力（ Δp ）测量系统。

A. 7. 5　接通冷凝器，室温下水循环。

A. 7. 6　加热蒸馏釜至混合物沸腾，调节控制蒸出速率约为 200mL/（h · cm^2），测量液体充满球型刻度瓶的时间。当预期蒸出速率达到时，保持 30min，注意压力降的变化。

A. 7. 7　分别接取回流液和蒸馏釜中液体样品，试样量够分析用即可，立即观察并记录蒸出速率和压力降（ Δp ）。

A. 7. 8　分析回流液和蒸馏釜中样品，测定十八碳硬脂酸的质量分数（ w ）。

A. 7. 9　每间隔 15min 重复 A. 7. 7 和 A. 7. 8 一次，直到蒸馏釜试样中的十八碳硬脂酸浓度稳定为止。

A. 7. 10　在原蒸出速率基础上增加 200mL/（h · cm^2），重复 A. 7. 7 ~ A. 7. 9 步骤。

A. 7. 11　继续测量每次增加蒸出速率 200mL/（h · cm^2），直到接近泛点，至少测定 4 个点，可得到包括最接近最大可操作速率的那一个点。

A. 8　计算

A. 8. 1　蒸馏柱动滞留量按式（A. 1）计算：

$$V_h = \frac{w - w_0}{w} \times \frac{m}{\rho} \tag{A.1}$$

式中　V_h ——蒸馏柱在 20℃时的动滞留量，mL；

m ——蒸馏釜中试验混合物质量，g；

w_0 ——十八碳硬脂酸初始浓度（质量分数），%；

w ——蒸馏后试验混合物中十八碳硬脂酸的浓度（质量分数），%；

ρ ——正庚烷 20℃的密度为 0. 684，g/mL。

A. 8. 2　测定的每个蒸出速率下的一块理论板的动滞留量，按式（A. 2）计算：

$$h = \frac{V_h}{N} \tag{A.2}$$

式中　h ——一块理论板的动滞留量，mL/理论板；

N ——在该蒸出速率下全回流时蒸馏柱的理论板数（表 1）。

A. 8. 3　将测得蒸出速率单位为 L/h 换算成 mL/（h · cm^2），测得压差（ Δp ）换算成 kPa/m 及测得的动滞留换算成 mL/理论板。

A. 8. 4　以测得的动滞留量数据为纵坐标，蒸馏速率 L/h [或 mL/（h · cm^2）] 为横坐标作关系曲线。通过以 mL 或 mL/理论板为单位的各个滞留量值绘出一条平滑曲线。

A. 8. 5　在最大蒸出速率 75% 处作一垂线，从动滞留量曲线和在最大蒸出速率 75% 线交点可读出蒸馏柱的动滞留量。在动滞留量为 2% ~4% 范围内，进样量应是上图数值的 50 ~25 倍。

附录 B

传感器的标定方法

B. 1　原理

B. 1. 1　本方法详细介绍了对温度传感器、压力传感器以及相关记录仪器进行标定的操作方法。

B. 1. 2　通过观察和记录纯化合物或共融混合物的熔点和沸点，标定温度传感器及相关仪器。

B. 1. 3　用麦氏真空表对比来标定压力传感器及相关仪器。

B.2　温度传感器

B.2.1　仪器

仪器如图B.1所示。在杜瓦瓶中装满碎冰和水，可测得水的结晶点。对于水的沸点，可用平衡蒸馏器、沸点计、压力计以及其他测量气液平衡的仪器。

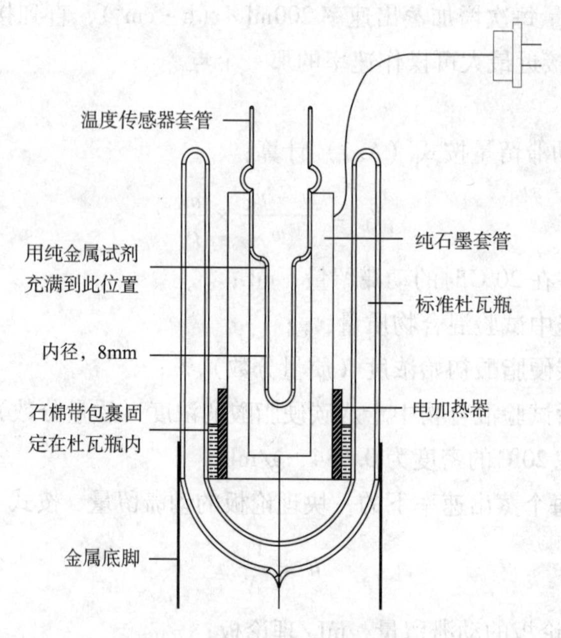

图B.1　标定温度用金属熔点浴

B.2.2　试验步骤

（1）将约0.5mL硅油或其他惰性液体放入测温套管底部，插入一支或多支热电偶或其他传感器，并且与各自相关的测量仪器连接。

（2）加热熔点恒温浴到高出浴内金属熔点温度约10℃，并保持这一温度至少5min，确保恒温浴内金属全部熔化。

（3）停止加热熔点浴，观察和记录冷却曲线。当曲线上出现恒温平直段部分的时间超过1min时，记录平稳段温度作为标定的温度点。如果结晶时温度恒定的时间太短，可在冷却阶段稍微加热以延长时间，另外，熔点浴易被污染或甚至被氧化，此时应更换金属。

（4）记录下面各点标定温度见表B.1，准确至0.1℃。

表B.1　温度传感器标定所用物质的熔点和沸点

物　质	温度/℃	
冰	熔点	0.0
水	沸点	100.0
锡-铅-镉（50∶32∶18）	熔点	145.0
锡	熔点	231.9
铅	熔点	327.4

（5）列出校正表，将观测到的温度用数学方法，加到各标定温度点上给出实际温度。用前面校正的温度点绘出平滑曲线，以便日常使用。

B.3　压力传感器

B.3.1　仪器

（1）如图 B.2 所示安装一个多进气口真空装置，它应具有在所有预期的压力水平下，将压力稳定在 1% 以内的能力。

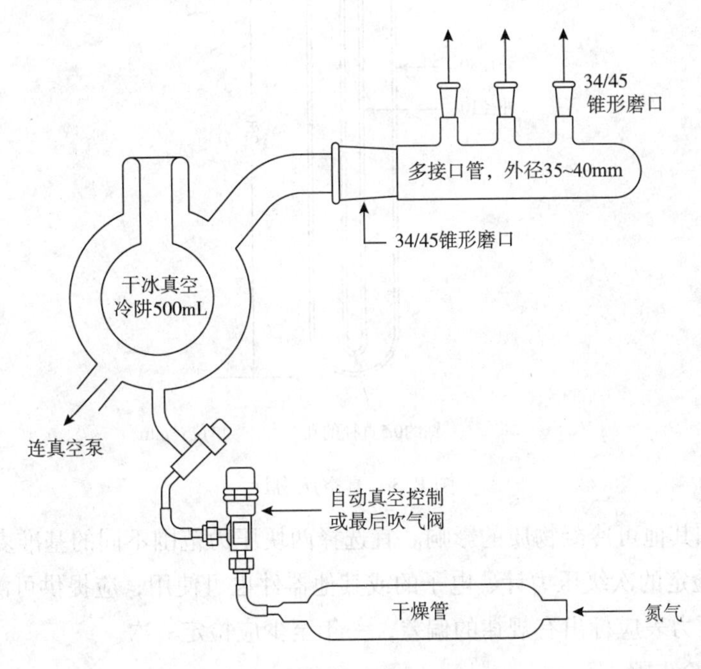

图 B.2　真空表的标定

（2）在常压到 13.3 kPa 之间，可用抽空水银压力计或压力表作为原始标准。图 B.3 所示是一个简便设计的真空压力计，时常可以看到水银中有空气集中于顶端。对于一个合格的真空压力计，当与大气相通时，在顶端靠肉眼应看不到空气泡。玻璃真空压力计的内部宜用化学清洗剂清洗。

（3）如果在顶端仍看见有气泡，应将真空压力计放置水平位置并使与真空系统连接的那面朝上，而且真空压力计的上部放置应比底部低一些，使真空压力计管底部中心小口露出来。将真空压力计与低于 0.0133kPa 真空系统相连，用红外灯或热空气加热装满水银的一端至水银沸腾继续慢慢加热直到中心管内水银流出到外管，此时能在管壁清楚地看见凝结的水银。然后轻轻转动真空压力计到垂直位置并慢慢放空，当完全放空时，中心管顶端应看不见空气，该真空压力计方可使用。

（4）对压力低于 13.3kPa，用非倾侧式麦氏表作为原始参照标准并应细心保留下来。

（5）所选用麦氏表的量程，要使所标定的压力降落在该量程的 10% ~ 90% 之间。压力表用新的水银重新充满之前，应在 250℃ 和压力低于 10Pa 条件下，加热麦氏表至少 30min。要小心保护基准压力表，避免暴露在潮湿空气中。如果认可该试验压力，表示系

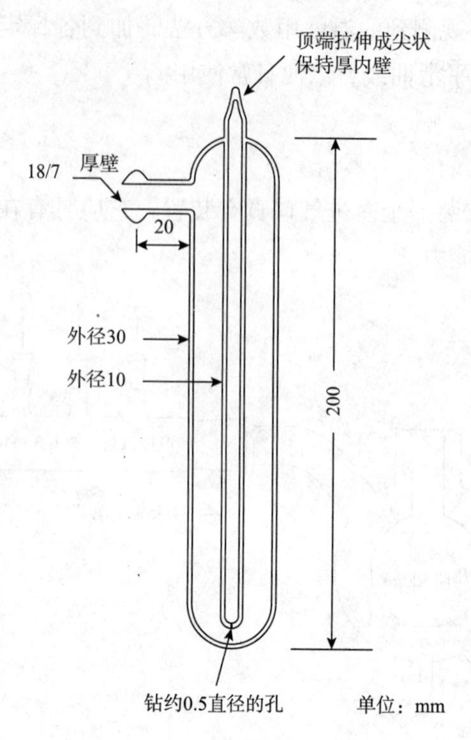

图 B. 3　真空压力计

统没有受潮气和其他可冷凝物质的影响。宜选择两块压力范围不同的基准麦氏表。

（6）经过检定的次级压力计、电子的或其他器件也可使用，应提供可溯源到原始标准的信息。次级压力表应标出有规律的偏差，一年至少应检定一次。

B. 3. 2　试验步骤

（1）试验用多口进气装置见图 B. 2，该装置是密封的，在需要条件下能保持压力稳定。相应的泄漏试验是用泵抽吸使压力低于 0. 1kPa，然后停止抽吸，观察压力变化至少 1min，如果在此期间压力升高不超过 0. 01kPa，认为该仪器可以使用。

（2）连接参照（原始）真空压力计和其他压力计到多口装置上进行标定，这些压力计的标定范围应在其量程的 10% ~90% 之间。在多口装置和真空泵之间连一个装有干冰的冷阱，调节压力到试验要求的值，进行上述最终的泄漏试验。

（3）保持此条件稳定至少 3min 后，读取所有压力计的读数并与参照压力计进行对比。

（4）重复前面的步骤，在试验要求的其他各段压力值下分别进行试验。

（5）为每一段压力下标定的各种压力计，制作一张校正卡片，插在压力计上。

附录 C

实测蒸汽温度与常压相当温度（AET）的换算

C. 1　范围

本方法时将在常压和减压下得到的实际蒸馏温度，换算成相应于压力在 101. 3kPa 的

常压相当温度（AET）。公式是由 Maxwell 和 Bonnell 推导出的。

C.2　意义和用途

通过计算得到常压相当温度的最终数据。

C.3　计算

C.3.1　实测的蒸汽温度换算到常压相当温度用式（C.1）计算：

$$t_{\mathrm{AET}}=\frac{748.1A}{\left[\frac{1}{1/(t+273.1)}\right]+0.3861A-0.00051606}-273.1 \tag{C.1}$$

式中　t_{AET}——常压相当温度，℃；

t——实测蒸汽温度，℃；

A——压力转换系数。

A 值用式（C.2）计算：

$$A=\frac{5.143222-0.972546\lg p}{2579.329-95.76\lg p} \tag{C.2}$$

式中　p——操作压力，kPa，（操作压力 $p\geqslant 0.266$kPa）。

附录 D

煤焦油脱水试验方法

D.1　范围

本方法适用于蒸馏前对含水煤焦油试样的脱水试验。

D.2　试验方法概述

取适量煤焦油试样，在常压低柱效和回流比为 0（全部流出）的条件下蒸馏到 180℃，分离出蒸出的水样，将无水的组分和蒸馏釜内样品合并。

D.3　意义和用途

为得到轻石脑油准确收率，煤焦油脱水非常重要且必要。

D.4　仪器

D.4.1　原油脱水用仪器如图 1 所示，其组成为：

（1）蒸馏釜带有两个侧管，在第二侧管处接压力计，毛细管处固定通氮气进入液体中。采用金属蒸馏釜作为脱水器。

（2）蒸馏柱，如 7.1.3 所述类型。

（3）其他仪器同 7.1 所述。

D.5　仪器准备

试验开始前应洗净、干燥蒸馏柱和所有玻璃仪器。

D.6　试验步骤

D.6.1　称准含水煤焦油原料精准至 0.1g，如果常温下为固体或黏稠状样品时，在适宜的温度下加热使其变为流动态，搅拌均匀后取样，再装入蒸馏釜中。

D. 6. 2　按 10. 2. 1 和 10. 2. 2 条的规定进行操作，然后在回流比为 0 的条件下蒸馏至蒸汽温度达到 150℃。

D. 6. 3　关闭回流阀和加热系统，冷却蒸馏釜和试样至室温，称量接收器中获得的馏分。

D. 6. 4　将获得的馏分油和水转移至分液漏斗中，静置，待油水界面清晰后进行分离，称量并记录水的质量。

D. 6. 5　将分离出的馏分重新倒回蒸馏釜中与残液混合，此时要采取预防措施避免轻油损失。

D. 6. 6　记录脱水后煤焦油的质量，并进行后续的实沸点蒸馏标准试验。

D. 7　计算

煤焦油中水含量计算用式（D. 1）：

$$w = \frac{m_1}{m} \times 100 \tag{D. 1}$$

式中　w ——水含量（质量分数），%；

m_1 ——蒸馏出的水质量，g；

m ——煤焦油试验质量，g。

参 考 文 献

［1］中华人民共和国国家质量监督检验检疫总局 中国国家标准化管理委员会 . GB/T 17280—2009 原油蒸馏标准试验方法 15——理论板蒸馏柱［S］. 北京：中国标准出版社，2009.

MJYPJ-06　煤焦油重质馏分油减压釜式蒸馏试验方法

煤焦油重质馏分油减压釜式蒸馏试验是针对煤焦油实沸点蒸馏试验中釜底重质馏分油在更低压力下进行进一步蒸馏的试验，是实沸点蒸馏试验的延伸。煤焦油样品用减压釜式蒸馏试验方法最高切割温度可达到520℃。

煤焦油重质馏分油的减压釜式蒸馏试验方法参考现行国标GB/T 17475—1998《重烃类混合物蒸馏试验方法——真空釜式蒸馏法》[1]。但是此标准方法中规定适用于初馏点高于150℃的重烃类混合物，最高能达到的切割温度为565℃，其规定的范围不适用于煤焦油重质馏分油；由于煤焦油重质馏分油凝点高，为了防止馏分油冷凝而滞留在蒸馏柱和流出管线，本方法改用循环油浴介质加热。

本方法的主要内容如下：

1　范围

本方法适用于初馏点高于300℃的煤焦油重质馏分油的蒸馏过程。在全密闭条件下，使用一个带有低压降雾沫分离器的蒸馏釜进行操作。

本方法切割温度（AET）最高能达到520℃。最高切割温度与试样的加热极限有关。

2　引用文件

下列文件对于本文件的应用是必不可少的，凡是注日期的引用文件，仅注日期的版本适用于本文件。凡是不注日期的引用文件，其最新版本（包括所有的修改单）适用于本文件。

GB/T 6682《分析实验室用水规格和试验方法》。

GB/T 17475《重烃类混合物蒸馏试验方法——真空釜式蒸馏法》。

MJYPJ-01　煤焦油的采样方法。

MJYPJ-02　煤焦油水及馏分油分测定方法。

MJYPJ-04　煤焦油及重质馏分油密度的测定方法。

MJYPJ-05　煤焦油实沸点蒸馏试验方法。

3 术语和定义

GB/T 17475—1998 界定的术语和定义适用于本方法。

3.1 蒸发速率（boil-up rate）

单位时间进入蒸馏头的蒸汽量。

注： 蒸发速率大约与馏出速率相等，差值是由热损失造成的。蒸发速率在给定蒸馏头内径时，一般用 mL/h 表示，有时为了便于比较，也用 mL/（h · cm^2）表示。

3.2 冷凝器（condenser）

与蒸馏头的出口连接，馏出物在这里被冷凝。

3.3 蒸馏釜（distillation flask）

蒸馏釜由金属制造，试样在其内部沸腾。

3.4 蒸馏头（distillation head）

直接与蒸馏釜相连接的部分，内置雾沫分离器。

3.5 蒸馏压力（或操作压力）（distillation pressure（or operating pressure））

测量部位位于蒸馏头与接收器连接处的压力。

3.6 蒸馏温度（或蒸汽温度）（distillation temperature（or vapor temperature））

测量部位位于蒸馏头内测量点处的温度。

3.7 装料量（loading）

与蒸馏釜颈部横截面积有关的装料体积。

3.8 压力降（pressure drop）

操作压力与蒸馏釜之间的压力差值。

注： 这是由于蒸汽通过系统产生摩擦造成的结果。单位：kPa（mmHg）。

3.9 溢流点（spillover point）

蒸馏头内雾沫分离器之上蒸汽能够移向冷凝部位的位置。

3.10 静滞留量（或附着量）（static held-up（or wettage））

蒸馏过程完成后，残留并附着在蒸馏仪内壁上的液体物质的量。

注： 在本试验方法中，使用钢质蒸馏釜，其静滞留量包含蒸馏釜内的附着物。

3.11 馏出速率（take-off rate）

单位时间馏出物的量。

4 方法概要

4.1 将一定体积的试样在绝对压力为 6.6 ~ 0.013kPa（50 ~ 0.1mmHg）和规定的蒸馏速率下进行蒸馏，并按预选温度切割馏分。记录蒸馏过程中每个切割点的蒸汽温度、操作

压力和其他变量。

4.2　称取每个馏分油的质量，并从每个馏分油的质量和总回收质量计算出每个馏分油的质量收率。

4.3　测定每个馏分油的密度，计算出每个馏分在20℃时的体积，并计算出每个馏分油的体积收率。

4.4　使用4.2和4.3的计算结果，绘制出切割温度对馏分油的质量百分收率、体积百分收率或二者兼有的蒸馏曲线。

5　意义和用途

5.1　本方法是指导企业或贸易商表征煤焦油重质馏分油特性的试验方法之一，它提供了估算不同沸点范围馏分收率的方法。

5.2　本试验方法得到的馏分油可以单独或和其他馏分配制成供分析研究和质量评定用的试样。

5.3　试验前由供需双方协商一致，确认切割方案。

6　试剂和材料

6.1　蒸馏水：符合GB/T 6682中三级水。

6.2　甲苯：分析纯。

6.3　正庚烷：化学纯。

6.4　四氢化萘：化学纯。

6.5　正十四烷：化学纯。

6.6　硅润滑脂：专门为高真空度应用而生产的高真空硅润滑脂。

7　仪器设备

7.1　根据蒸馏头的内径（25mm，36mm）可确定2种尺寸的仪器。仪器（图1）主体由蒸馏釜和内部带有雾沫分离器、外包保温套、上部带有冷凝器的蒸馏头组成；另外还包括蒸汽温度传感器、真空规连接器、冷凝器、馏分流出管线，一组馏分接收器和真空泵管线以及真空泵，各个部件连接在一起并密封固紧，而且操作应灵活方便。

7.2　蒸馏釜

7.2.1　蒸馏釜的尺寸至少要比装料体积大50%，以便为打破泡沫提供足够的空间。每个蒸馏釜的尺寸都应根据负荷因子算出，推荐的负荷因子为每平方厘米蒸馏头颈部横截面积相当于200～400mL的装料量。表1是推荐的各种不同尺寸仪器的装料体积。

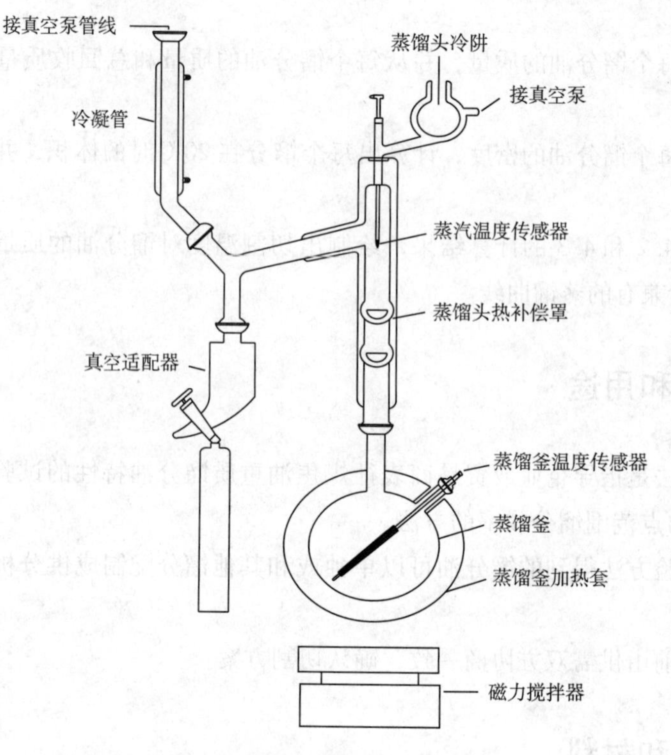

图1　仪器

表1　标准装料量和蒸馏釜尺寸

蒸馏头内径/mm	颈部横截面积/cm^2	装料量/L	蒸馏釜容积/L
25	5	1~2	2~3
36	10	2~4	3~6

7.2.2　蒸馏釜用不锈钢制造。

7.2.3　蒸馏釜和一个距其底部6mm的热偶套管装配在一起，并偏离中心以避开搅拌子。蒸馏釜底部略平，以便磁性搅拌子旋转。不锈钢蒸馏釜应配一个冷却螺旋管，以便紧急时迅速冷却。图2所示的是一个典型例子。

7.3　搅拌系统：选择与蒸馏釜容积匹配的搅拌子，搅拌子边缘应该圆滑，避免磨损蒸馏釜内壁。外部磁力驱动器必须能够转动蒸馏釜底部的搅拌子，而且下部应紧靠加热套。驱动器、加热套和支撑机构可以做成一体。

7.4　加热系统

7.4.1　蒸馏釜用位于下半部的带加强筋由石英玻璃纤维织成的加热套加热，并维持150mL/（h·cm^2）颈部截面积的蒸发速率，加热密度为0.5 W/cm^2，通常使用两组以上的加热炉丝。

7.4.2　温度传感器安放在蒸馏釜与加热套之间以控制加热速率。

7.4.3　蒸馏釜上半部覆盖一个补偿其热损失的加热罩，加热密度为0.2W/cm^2。

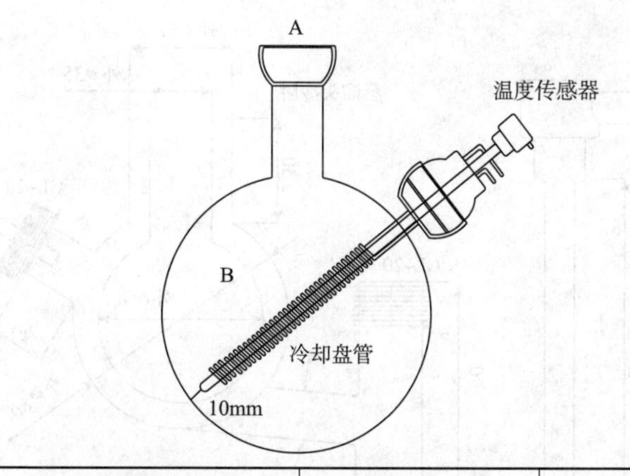

蒸馏头内径/mm	A	B
25	35/25	3L
36	65/40	6L

图2　蒸馏釜

7.5　蒸馏头

7.5.1　由硬质硼硅玻璃制造，并且外包真空镀银夹套，夹套内真空度要达到0.0001kPa（0.00075mmHg）。

7.5.2　用一个绝热加热罩维持蒸馏头的真空夹套外壁温度比中心蒸汽温度低5℃，加热罩用玻璃纤维织成。为此，在真空夹套外壁和绝热加热罩之间，放置一个温度传感器，其位置与蒸汽温度传感器位置相对。

7.5.3　用一个适配器将蒸汽温度传感器安放在蒸馏头颈部中心，具体位置为传感器的敏感端上部位于溢流点之下3mm±1mm处。

注：这个距离可以用下面的方法测量：取出温度传感器，插入一条底部折弯的铜丝，触到溢流点后，可测知其距适配器距离，然后按此距离安放温度传感器。

7.5.4　蒸汽温度传感器可以采用铂电阻，0℃时其电阻值应为100 Ω；也可以是一个J型带套管的热电偶，按附录A方法测定其响应时间应当低于lmin，读数精度应当达到0.5℃。

7.5.5　蒸汽温度传感器在第一次使用时应按附录B进行校正，以后每月校正一次。

7.5.6　图3所示的是能与真空传感器相连的安装在蒸馏头上部的冷阱，在整个蒸馏过程中冷阱内部应充满碎干冰。

7.5.7　真空传感器应连接在冷阱支管上，其读数精度应当达到使用压力的1%或者更高精度；也可以等于或者小于0.001 33kPa（0.01mmHg）。可以使用麦氏（Mcleod）真空规进行校正，如果测量压力只下降至1kPa，可以用水银压力计校准，但必须用一个性能良好的测高仪读数（此仪器基于一套带游标的光学系统，可很准确地测定水平高度）。经麦氏真空规校准过的像电容式压力计（Baratron）类的电子真空计能满足实际需要，但必须按附录C进行校正。图C.1是合适的压力校正装置。

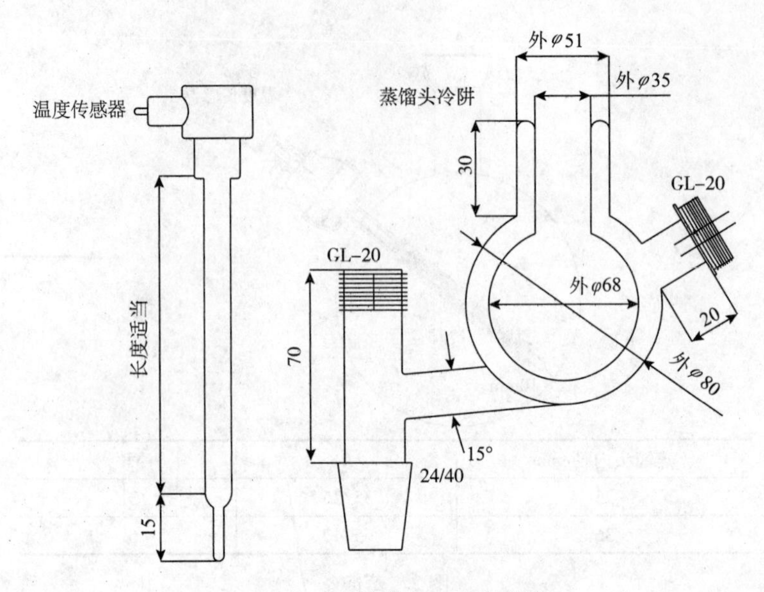

图3　蒸馏头冷阱和温度传感器

注：在试验过程中，测量系统压力的合适仪器有蒸汽压力计和电子真空计，可用一个非倾斜式麦氏真空规对主真空计进行跟踪校正。

7.6　冷凝器（图4）：冷凝器由硬质硼硅玻璃制造，与蒸馏头支管出口相连。冷凝器内部应有足够的容积以便把所有必须冷凝的蒸汽冷凝下来，其冷凝液温度应能达到90℃，以防重质馏分油在此处凝固。

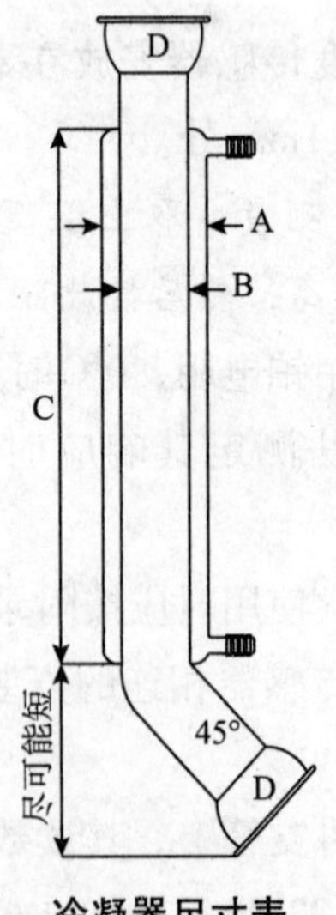

冷凝器尺寸表　　　　mm

蒸馏头内径	A	B	C	D
25	51	28	300	35/25
36	75	45	300	65/40

图4　冷凝器

7.7　真空泵管线

7.7.1　真空泵管线从冷凝器出口连接到真空泵。可以用厚壁橡胶管或轻金属管作为泵管线，其内径至少等于冷凝器内径的一半，长度不应超过 2m。

7.7.2　管路中靠近真空泵的地方应连接一个缓冲罐，其容积至少和蒸馏釜容积相等。在缓冲罐前应放置一个冷阱，蒸馏时用干冰冷却。

7.7.3　缓冲罐和真空泵之间应安装一个隔离阀，其内径至少等于管线的内径。

7.7.4　在蒸馏头上部和真空传感器之间放置一个如图 3 所示的杜瓦瓶冷阱，该冷阱由硬质硼硅玻璃制造。在整个蒸馏过程中，冷阱内装满碎干冰，保护真空系统不受残余蒸汽污染。

7.8　真空源：使用能稳定地维持系统压力的单级机械真空泵作为真空源，自动和手动控制均可。

7.9　接收系统

7.9.1　接收系统连接在产物冷凝器的低端出口处，由一个能排放出馏分又不干扰系统压力的真空适配器组成。图 5 是一种合适的手动操作装置。

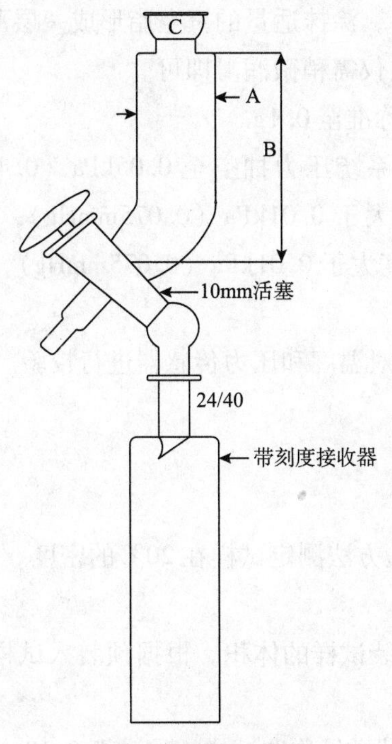

馏分接收器尺寸表　　　mm

蒸馏头内径	A	B	D
25	45	120	35/25
36	51	120	35/25

图 5　接收系统

7.9.2　能够分步或同时收集馏分的自动和手动装置均可使用，但必须能够维持系统操作压力在整个蒸馏过程中保持稳定。如果要使产物保持液态，必须配备加热装置。

7.9.3 馏分接收器由硬质硼硅玻璃制造，其总容积应和装料量相当，从底部开始其刻度被校准至满刻度的1%。

7.10 天平：分度值为0.1g。

8 样品

8.1 试验样品为初馏点高于300℃的煤焦油重质馏分油，或者是MJYPJ－05试验结束后，蒸馏釜内的试样。

8.2 如果试样为黏稠或凝固态样品，必须加热呈流动态，确保在使用前混合均匀。

9 仪器的准备

9.1 清洗并干燥仪器的所有玻璃部件，在接口处涂抹真空脂，然后按图1所示把它们组装在一起。对于球形磨口，涂抹适量的真空脂形成一层薄膜，过量的真空脂会形成缝隙。采用氟橡胶或硅橡胶衬垫仅需稍微润滑即可。

9.2 称量接收器质量，称准至0.1g。

9.3 试漏：用真空泵将系统压力抽空至0.05kPa（0.4mmHg），切断真空源，如果1min内系统压力上升幅度不大于0.01kPa（0.075mmHg），认为系统密封良好；如果在1min之内系统压力的上升幅度大于0.01kPa（0.075mmHg），则必须对真空规进行校验并在此之前弥补缝隙。

9.4 按附录B和附录C对温度和压力传感器进行校验。

10 操作步骤

10.1 按MJYPJ－04试验方法测定试样在20℃的密度。

10.2 放入搅拌转子。

10.3 根据表1，查到可装试样的体积。根据预装入试样的体积和密度计算出试样的质量。

10.4 按10.3计算出的试样量称取试样，称准至0.18。

10.5 将蒸馏釜安装在蒸馏柱上（指小型蒸馏釜），装上所有加热套，在适宜的位置放置搅拌装置并启动。

10.6 加热蒸馏釜使试样的温度快速上升，但不要超过150℃/h，蒸馏釜表面的温度不要超过320℃，否则，靠近蒸馏釜壁的试样将会发生裂变。

注： 有些烃类混合物不能长时间承受320℃的高温，这种情况必须降低其表面温度。

10.7 给蒸馏头补偿加热罩加热，维持蒸馏头外壁的温度比蒸馏釜内液体温度约

低40℃。

10.8　逐渐减压到0.133kPa（1.0mmHg），开始蒸馏。

10.9　当看到蒸汽进入蒸馏釜颈部，将加热量减少到一定值，维持表2所选择的蒸馏速率，调节补偿加热器，维持蒸馏头玻璃夹套外壁的温度比蒸汽的温度低5℃。

注：虽然蒸馏速率允许在某一范围内，但推荐最大允许值的80%。

表2　操作压力和蒸馏速率

操作压力/kPa（mmHg）	蒸发速率/［mL/（h·cm^2）］	馏出速率/（mL/h）	
		25	36
0.133（1）	45～75	225～375	450～750
0.040（0.3）	30～50	150～250	300～500
0.013（0.1）	10～20	50～100	100～200

10.10　当减压下观察到的初始蒸汽温度为低于或达到100℃时，开动制冷机冷凝第一个馏分，确保回收。如果壁上有固体物质出现，把接收器加热到足够使馏分液化的温度。

10.11　如果馏分充满接收器，或者到达切割温度，停止接收或切换接收器。

10.12　记录下列观察值

①时间：单位为h或min；

②馏出物的体积：单位为mL；

③蒸汽温度：精确至0.5℃；

④蒸馏釜内液体的温度：单位为℃；

⑤蒸馏头压力：准确至1%；

⑥根据附录D计算常压下的温度。

10.13　继续蒸馏，直至到达切割终点。

10.14　如果未到达切割终点，但是蒸馏釜中液体的温度到达290℃，则减缓加热直到蒸馏速率减慢，然后慢慢将压力降到最低。

10.15　压力稳定后，恢复原有加热速率的90%，调节蒸馏速率在较低的水平（表2），在此速率下2min内不要切割馏分。

10.16　观察蒸馏头压力，只要压力不上升，继续对蒸馏釜加热以维持馏分的流出速率。当蒸馏釜中液体温度到达310℃或蒸馏压力上升时，停止蒸馏。打开蒸馏釜绝热罩，在冷却盘管中通入空气。

注：自动真空控制器有时会掩盖开始裂化时压力初步上升的现象。

10.17　当液相温度低于150℃时，缓慢上升压力至常压，冷却渣油至室温。

10.18　取下并称量蒸馏釜，求出渣油的质量。

10.19　称量所有馏分油，精确到试样质量的0.1g。

10.20　根据MJYPJ－04方法测定所有馏分在20℃的密度。

10.21 用另外的蒸馏釜和溶剂如甲苯进行蒸馏以洗涤蒸馏头和冷凝管，蒸出溶剂，求出附着量。该附着物可以单独作为一个馏分处理，并测量其密度，也可以将其混入渣油。如果渣油做进一步分析，则需将附着物混入渣油。

11 结果计算

11.1 计算所有馏分和附着物之和，由此算出占试样的比例。若结果 <99.00%，则试验失败，需重新进行试验。

11.2 在报告中表明实际损失和损失在总馏分中占的比例。

11.3 根据每个馏分油质量和密度（20℃）计算每个馏分油的体积。

12 方法精密度

重复性限：在重复性条件下获得的两次独立测定结果的绝对差值在95%置信概率下不应大于表3规定的数值：

表3 方法精密度

项目	重复性限	
	质量收率/%	体积收率/%
每馏分	0.6	0.6
总馏分	1.0	1.0

13 试验报告

13.1 作一张包括下列内容的简表。

①试样的质量，g；

②试样20℃的密度，g/cm^3，四位有效数字；

③试样20℃的体积，mL；

④总体积的增加或损失，精确到0.1%；

⑤依据馏分油的沸点列表，将渣油排在最后；

⑥求出质量和体积的累积百分比。

13.2 将10.12所述各项观察记录数据列成第二张表附上。表4和表5分别是蒸馏报告和蒸馏记录的表格示例。

表 4　蒸馏报告

试验单位：

操作说明		基本资料	
试样名称		试样密度（20℃）/（g/cm³）	
试验日期		样品质量/g	
仪器名称			
操作者			
试验目的		体积/mL	

试验情况简介和注释

试验结果

沸点范围/℃	质量/g	质量收率%/（m/m）	累计质量收率%/（m/m）	体积/mL	体积收率%/（V/V）	累计体积收率%/（V/V）	密度（20℃）g/cm³	备注
合计								
损失								

表 5　蒸馏记录

蒸馏记录

试样名称　　试样质量　　蒸馏次数　　蒸馏日期

馏分号	时间	体积观察值/mL	累计体积/mL	累计体积百分数/%（V/V）	温度观察值/℃	温度校正值/℃	蒸汽实际温度/℃	压力观察值/kPa	压力校正值/kPa	绝对压力/kPa	相当于常压温度/℃	蒸馏速率/（mL/min）	柱保温温度/℃	釜底温度/℃
1														
2														
3														
4														
5														
6														

13.3　以切割温度（℃，AET）作为纵坐标，质量和体积收率作为横坐标，逐点平滑汇出蒸馏曲线。

附录 A

温度响应时间的测定方法

A.1　范围

本附录对温度响应时间的测定以在规定的时间和条件下传感器的冷却速率为基础。

A.2　意义和用途

A.2.1　本方法确保在温度快速上升时传感器能以足够快的速率响应温度的变化，不因滞后产生误差。

A. 2. 2　当在真空条件下蒸汽的热焓最小时，执行本方法更加重要。

A. 3　步骤

A. 3. 1　在平板加热器上放置一个容量为 1L 装水的烧杯，在水中垂直放置一个玻璃加热套管，维持水温在 80℃ ±5℃。

A. 3. 2　传感器最好与温度读数精度可达 0. 1℃的数字式仪表相连。也可以与内插温度可达 0. 1℃的条形纸记录器相连，设定走纸速率为 30cm/h。

A. 3. 3　把温度传感器插入一封闭纸盒一边的中央孔中，纸盒边长约 30cm，纸盒孔的大小应与传感器紧密吻合，使传感器温度达到平衡，待稳定后记录温度。

A. 3. 4　把温度传感器插入水中热套管内，当传感器温度达到 70℃时，将其取出并立即插入纸盒中，注意用秒表或开动条形纸记录器，记录传感器从 30℃冷至比 A. 3. 3 观测的温度高 5℃时所用的时间。

A. 3. 5　如果时间间隔超过 60s，则此传感器不能使用。

附录 B
温度传感器的校正方法

B. 1　范围

本方法用于校正温度传感器以及与之相连的显示或记录仪表。

B. 2　方法概要

利用纯金属的熔点或纯化合物的沸点对温度传感器和与之相连的显示或记录仪表进行校正。

B. 3　意义和用途

B. 3. 1　在蒸馏数据中，蒸汽温度的测量是两个主要误差的来源之一。对于第一次使用的新传感器和与之相连的显示或记录仪表，或者在对温度传感器和与之相连的显示或记录仪表进行维修之后，均需在使用温度范围内进行全量程校正。

B. 3. 2　对于 B. 5 所述校正过程必须经常进行，这是因为蒸馏过程被用来获得企业计算成本、产率和进行设计必须的原始数据。

B. 4　仪器

B. 4. 1　参照图 B. 1 组装用于测量基准温度的合适仪器。在杜瓦瓶中装入碎冰和水，可以测量水的冰点。

B. 4. 2　图 B. 2 所示的蒸汽压力计能够用于测量纯化合物常压下的沸点温度。

B. 5　操作步骤

B. 5. 1　蒸汽温度传感器（利用金属熔点）。

（1）在首次校正或有争议的时候推荐使用这种方法。

（2）从表 B. 1 选择合适熔点的金属，并在热套管底部放入 0. 5mL 的硅油。插入一支或多支传感器，并与各自的仪表连接。

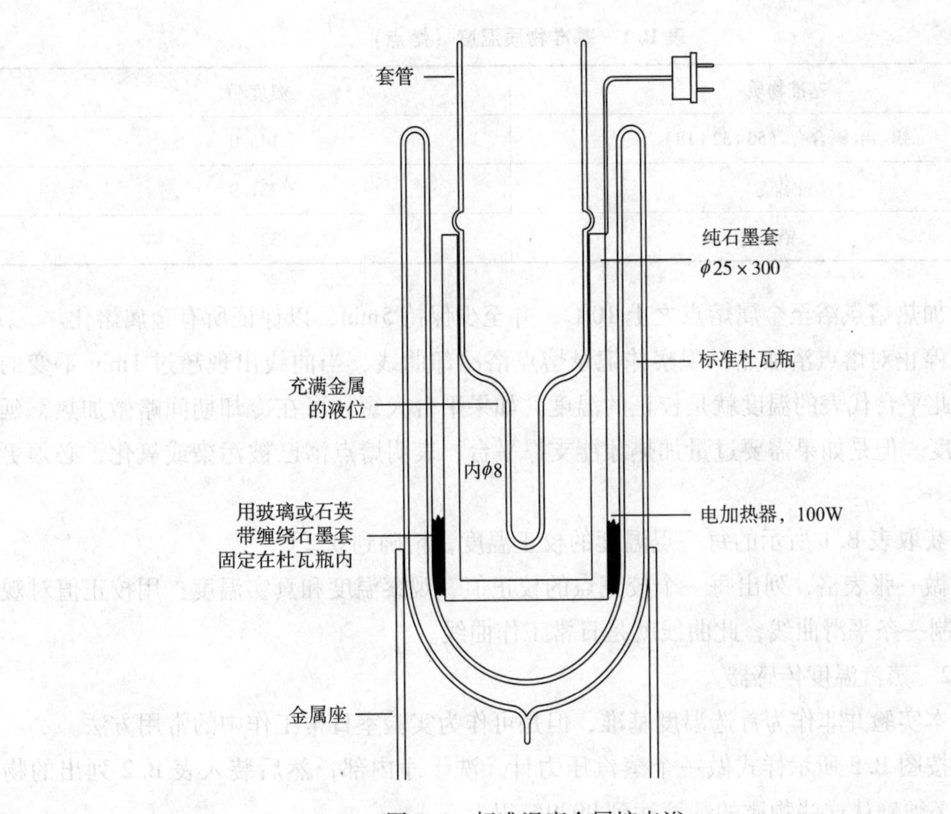

图 B. 1　标准温度金属熔点浴

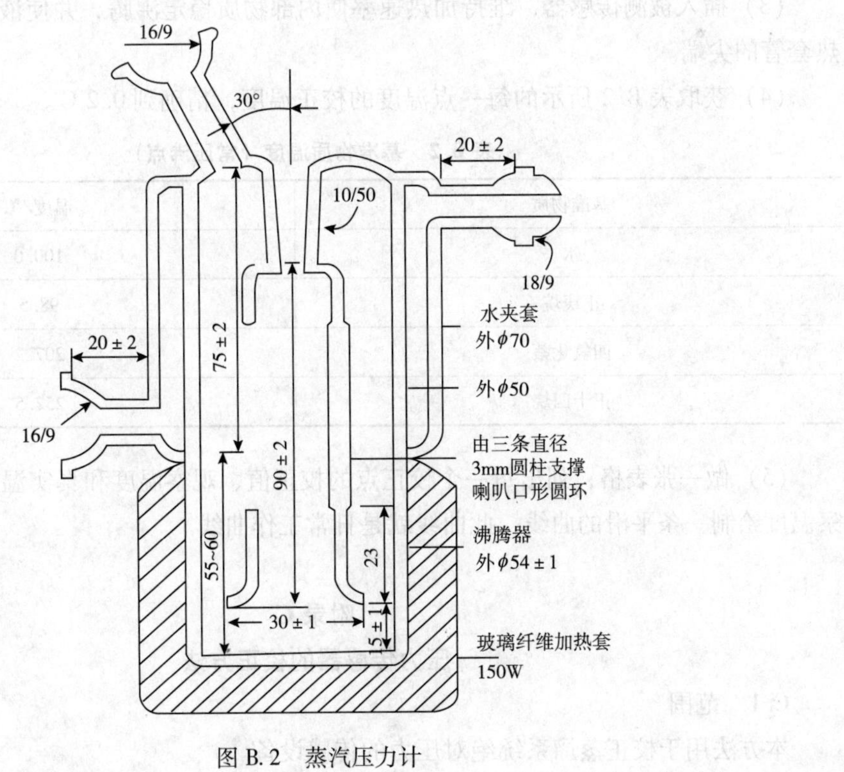

图 B. 2　蒸汽压力计

表 B.1 基准物质温度（熔点）

基准物质	温度/℃
锡: 铅: 镉合金（50∶32∶18）	145.0
锡	231.9
铅	327.4

（3）加热熔点浴至金属熔点之上10℃，并至少保持5min，以保证所有金属熔化。

（4）停止对熔点浴加热，观察并记录熔点浴冷却曲线，当曲线出现超过1min不变的平台时，此平台代表的温度就是校正的温度。如果平台太短，可在冷却期间略微加热，延长平台长度。但是如果需要过量加热才能支撑平台，表明熔点浴已被污染或氧化，必须更换金属。

（5）获取表B.1所示的每一点温度的校正温度，精确到0.2℃。

（6）做一张表格，列出每一个校正点的校正值、观察温度和真实温度；用校正值对观察温度绘制一条平滑曲线，此曲线就是日常工作曲线。

B.5.2 蒸汽温度传感器

（1）本实验并非作为首选温度基准，但是可作为实验室日常工作中的常用方法。

（2）按图B.2所示样式做一个蒸汽压力计，洗干净内部，然后装入表B.2列出的物质之一。必须确认这些物质的纯度达到99.9%以上。

（3）插入被测传感器，维持加热速率使内部物质稳定沸腾，并使液泡能浸没传感器或热套管的尖端。

（4）获取表B.2所示的每一点温度的校正温度，精确到0.2℃。

表 B.2 基准物质温度（常压沸点）

基准物质	温度/℃
水	100.0
正庚烷	98.5
四氢化萘	207.2
正十四烷	252.5

（5）做一张表格，列出每一个校正点的校正值、观察温度和真实温度；用校正值对观察温度绘制一条平滑的曲线，此曲线就是日常工作曲线。

附录 C

压力传感器的校正方法

C.1 范围

本方法用于校正蒸馏系统绝对压力的传感设备。

C.2　引用标准

gB/T 9168 石油产品减压蒸馏测定法

C.3　方法概要

使用麦氏真空规在操作压力范围内对压力传感器进行全量程校正。

C.4　意义和用途

C.4.1　真空度（操作压力）的测量是蒸馏过程中两个主要误差的来源之一，因此仔细按照下述介绍去做，并作为日常工作的基准是非常重要的。本方法具有不用其他真空源证明、使用方便、对电子真空规进行复检容易等优点。

C.4.2　电子式真空压力测量仪在使用过程中必须每月校验一次。蒸汽压力计必须经常观察确保其内部清新干净，任何起泡现象都表明可能污染，需清洗并重装仪器恢复准确性。

C.4.3　测定绝对压力最准确的标准是麦氏真空规，因为它是利用本身的尺寸进行校正，具体过程见 GB/T 9168 试验方法。校正好的麦氏真空规的测量范围为 0～10kPa，为了保证系统干燥，推荐选用测量范围为 0～1kPa 的麦氏真空规。一个带有两个不同测量范围刻度的麦氏真空规用时比较方便。麦氏真空规使用前必须在加热的情况下抽空，并且在此之后隔绝空气给予保护。

C.5　操作步骤

C.5.1　清洗并安装图 C.1 所示的仪器，并在支管上安装基准真空规。

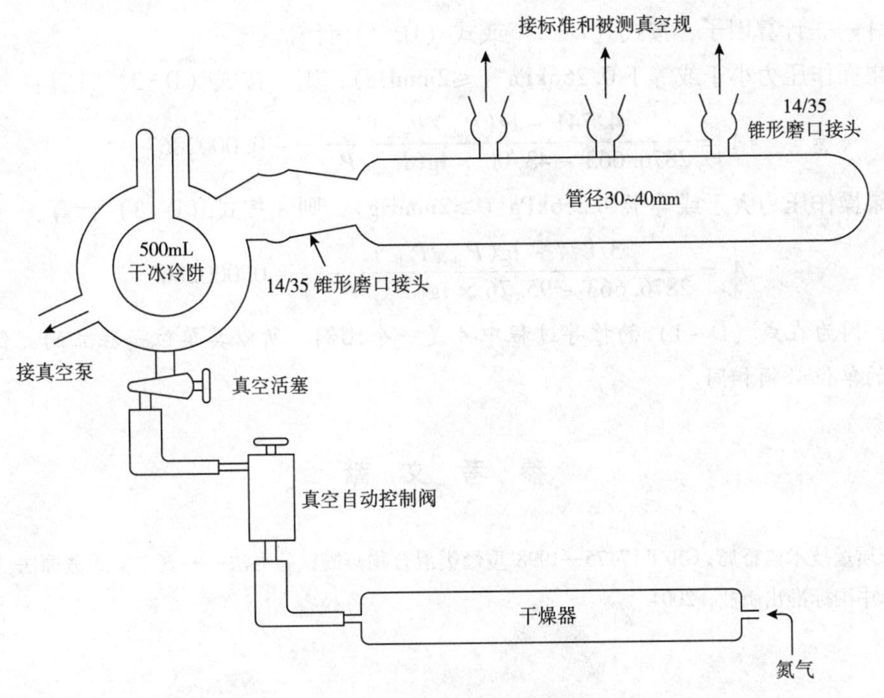

图 C.1　真空压力计校正装置

C.5.2　将系统抽空至 0.01kPa，切断真空源并截止放空阀，至少使压力稳定 2min。

C.5.3　如果系统压力在第二个 2min 内上升幅度超过 10%，必须检查漏气，调整后重新进行检测。

C. 5. 4　如果使用双刻度麦氏真空规检测系统压力，则可测出系统中水蒸气压力的读数。

C. 5. 5　在多于三个压力段读出并记录被测真空规和基准真空规的值。

C. 5. 6　如果发现误差要进行记录，对被测真空规用所有观察到的校正值，进行实际校正。有些电子真空规，有误差校正功能，调节读数消除误差。

附录 D

减压蒸汽观察温度与常压温度（AET）的换算方法

D. 1　范围

本方法叙述了在蒸馏过程中，减压下的温度与常压下相应温度的转换的方法。

D. 2　计算

把减压下观察温度转化为常压下相应的温度（AET,℃）按式（D-1）计算：

$$AET = \frac{748.1A}{\frac{1}{T+273} + 0.3861A - 0.00051606} - 273 \qquad \text{(D-1)}$$

式中　T——观察蒸汽温度,℃；

P——压力，kPa（mmHg）；

A——计算因子，按式（D-2）或式（D-3）计算。

如果操作压力小于或等于 0. 266kPa（≤2mmHg），则 A 按式（D-2）计算：

$$A = \frac{4.741 - \lg(P_{abs}/P_{atm})}{2876.663 - 43.00 \times \lg(P_{abs}/P_{atm})} - 0.0002867 \qquad \text{(D-2)}$$

如果操作压力大于或等于 0. 266kPa（≥2mmHg），则 A 按式（D-3）计算：

$$A = \frac{3.877 - \lg(P_{abs}/P_{atm})}{2876.663 - 95.76 \times \lg(P_{abs}/P_{atm})} - 0.0002867 \qquad \text{(D-3)}$$

注：因为在式（D－1）的推导过程中 A 是一个比例，所以其单位是独立的，但是 P_{abs} 和 P_{atm} 的单位必须相同。

参考文献

[1] 国家质量技术监督局. GB/T 17475—1998 重烃类混合物蒸馏试验方法——真空釜式蒸馏法［S］. 北京：中国标准出版社，2004.

MJYPJ－07　煤焦油简易蒸馏试验方法

简易蒸馏是指以油品在规定的条件下进行的一种快速蒸馏，得到石脑油馏分、酚油馏分、萘油馏分、柴油馏分、减压馏分油的收率分布，表征全馏分煤焦油蒸发特性的馏程范围。馏程对于石油产品是主要理化指标之一，对于煤焦油来说也同等重要。根据馏程数据可初步判定煤焦油轻、重馏分组成的比例，控制产品质量和使用性能等。因此，简易蒸馏试验是煤焦油评价的主要内容之一。

煤焦油简易蒸馏试验方法参考了现行国标 GB/T 18611—2015《原油简易蒸馏试验方法》[1]。但是，此标准方法中规定水的质量分数不高于 0.5%，本方法中对煤焦油的水含量要求为≤0.3%；标准中规定的馏分切割方案不适合煤焦油的馏分切割，本方法根据煤焦油的性质及后续加工要求对馏分切割方案进行调整。

本方法的主要内容如下：

1　范围

本方法规定了煤焦油样品简易蒸馏的试验方法。

本方法适用于水的质量分数不高于 0.3% 的煤焦油。蒸馏到相当于常压温度 500℃。

2　引用文件

下列文件对于本文件的应用是必不可少的，凡是注日期的引用文件，仅注日期的版本适用于本文件。凡是不注日期的引用文件，其最新版本（包括所有的修改单）适用于本文件。

GB/T 514《石油产品试验用液体温度计技术条件》。

MJYPJ－01　煤焦油的采样方法。

MJYPJ－04　煤焦油及重质馏分油密度的测定方法。

MJYPJ－05　煤焦油实沸点蒸馏试验方法。

3　方法概要

使用简易蒸馏装置对煤焦油进行常压、减压蒸馏，收集馏分。常压蒸馏的馏程范围为初馏点至 210℃，减压蒸馏分为两段：第一段是在 1.33kPa（10mmHg）压力下，蒸馏到

218℃（相当于常压温度370℃）；第二段是在0.27kPa（2mmHg）压力下，蒸馏到300℃（相当于常压温度500℃）。

4 试剂和材料

4.1 石油醚（90～120℃）：分析纯。

4.2 甲苯：分析纯。警告：极易燃烧，吸入有害。

4.3 硅润滑脂：专门为高真空度应用而生产的高真空硅润滑脂。

4.4 普通氮气。

4.5 填料

4.5.1 锥形体填料：用GF1Wl.25/0.50的镍铬丝网制成两个锥形体。两个锥形体由较粗的镍铬丝连接。

4.5.2 链状填料：采用直径为0.8mm的镍铬丝制成“8”字形单环，环的内径为4mm，将这些单环相互连接成链条，链条的总长度约为7280mm，平均分成8段，两端分别与较粗的镍铬丝绕成的环状螺旋圈相连。下端螺旋目的大小和形状以能合适地放在柱下玻璃爪上并使链条能堆放在它的上面而不漏到下面为宜。

5 仪器设备

5.1 简易蒸馏装置：如图1和图2所示。装置中所有玻璃仪器均采用标准磨口连接，减压装置所用的玻璃仪器应能满足在0.27kPa压力下正常工作的要求。简易蒸馏装置主要包括以下部分：

5.1.1 蒸馏烧瓶：500mL，用耐热玻璃制成。瓶肩部有一个测温口和一个氮气导入口，瓶颈内径为29～31mm，长度为250～260mm。瓶颈上部有一个馏出支管，瓶颈下端的里面有三个玻璃爪，用来支托填料。瓶颈外部由厚约5mm保温套保温。

5.1.2 水冷凝管：长310～315mm，内管内径13～16mm。

5.1.3 空气冷凝管：长270～275mm，内径17～18mm。

5.1.4 常压接收器：带有8个馏分接收瓶，每个馏分接收瓶的容积约为30mL，并易于切换馏分。

5.1.5 减压接收器：为一密闭容器。带有真空压力计和压力调节阀，并有真空泵接口和馏分油进口。内有10个容积约为30mL的馏分接收瓶，并易于切换馏分。

5.1.6 上温度计套管：长约65mm，内径8mm。

5.1.7 下温度计套管：长约120mm，内径10mm，下端距蒸馏烧瓶底部中心8～5mm。

5.1.8 氮气导入管：长约120mm，一端为开口的毛细管，另一端长约50mm，内径10mm。毛细管一端距蒸馏烧瓶底部中心2～3mm。

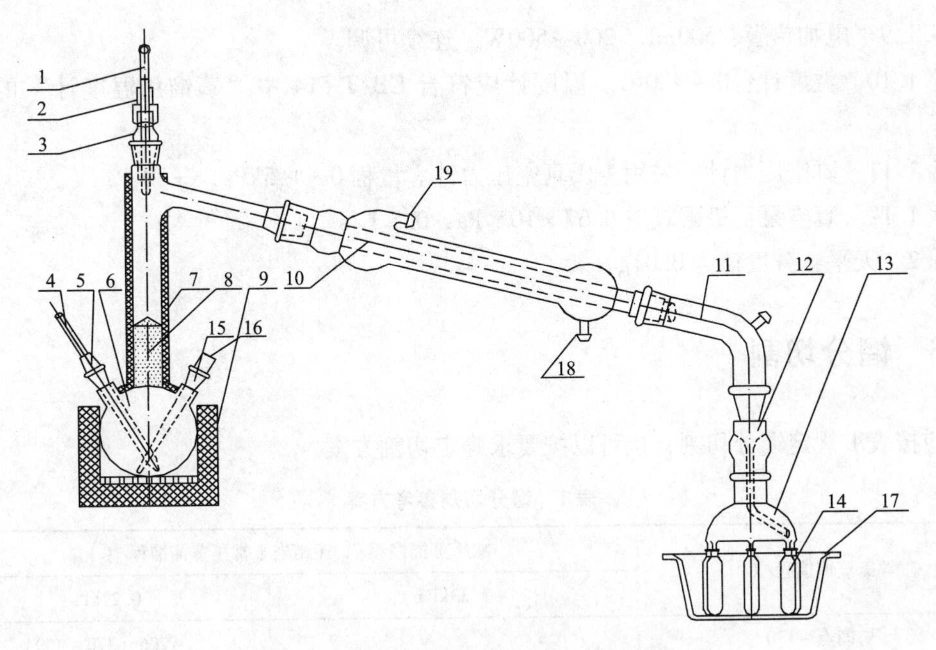

图1　煤焦油简易蒸馏常压装置示意图

1，4—湿度计；2—密封胶管；3，5—温度计套管；6—蒸馏烧瓶；7—保温套；8—填料；
9—电加热套；10—水冷凝管；11—接引管；12—可旋弯管；13—常压接收器；14—常压接收管；
15—氮气导入口；16—氮气导入管（接氮气）；17—冰水浴；18—冷却水进口；19—冷却水出口

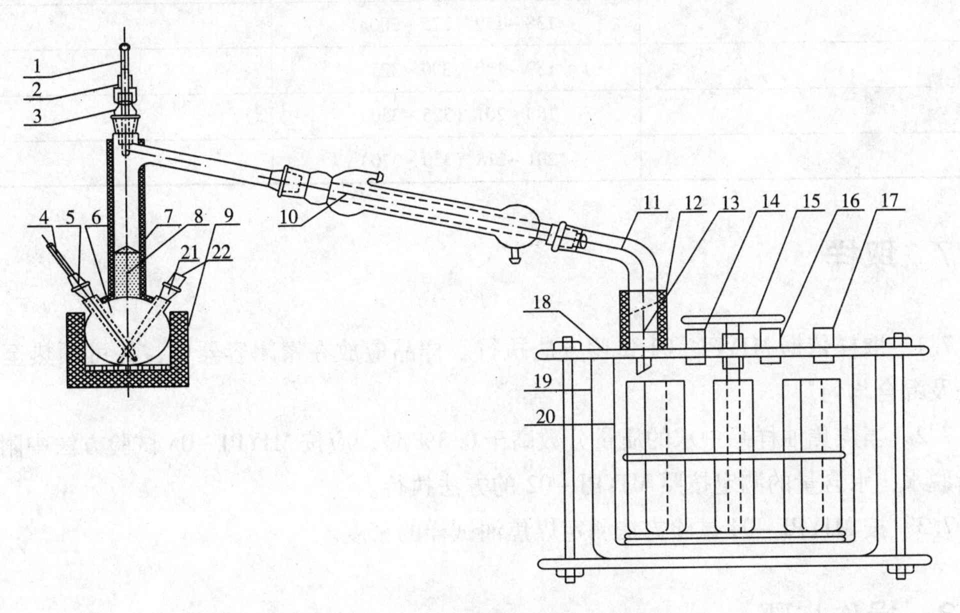

图2　煤焦油简易蒸馏减压装置示意图

1，4—湿度计；2，12—密封胶管；3，5—温度计套管；6—蒸馏烧瓶；7—保温套；8—填料；
9—电加热套；10—水冷凝管；11—减压接引管；13—馏分进口；14—压力调节阀；15—馏分切换手轮；
16—空额真空压力计；17—接真空泵；18—O 形橡胶密封圈；19—壁厚 10mm 的玻璃罐；
20—减压接收管；21—氮气导入口；22—氮气导入管（接氮气）

5.1.9　电加热套：500mL，200～500W，连续可调。

5.1.10　温度计：0～400℃。温度计应符合 GB/T 514 中“蒸馏用温度计”的相关规定。

5.1.11　真空压力计：采用麦氏真空压力计。量程 0～1.5kPa，±30 Pa。

5.1.12　真空泵：极限真空 6.67×10^{-2}Pa，0.5 L/s。

5.2　天平：分度值为 0.01g。

6　馏分切割

应按表1规定馏分切割，也可以按要求确定切割方案。

表1　馏分切割参考方案

常压蒸馏馏程/℃	减压蒸馏馏程/℃（相当于常压蒸馏馏程/℃）	
	1.33kPa	0.27kPa
初馏点～170	～101（210～230）	～206（370～400）
170～190	101～118（230～250）	206～248（400～450）
190～210	118～138（250～275）	248～290（450～500）
	138～159（275～300）	
	159～180（300～325）	
	180～201（325～350）	
	201～218（350～370）	

7　取样

7.1　取样依据 MJYPJ－01 试验方法执行。样品应放在密闭容器中，并可预热至流动状态及混合均匀。

7.2　当煤焦油样品中水的质量分数高于 0.3% 时，应按 MJYPJ－05 试验方法中附录 D 进行脱水，水含量的测定按照 MJYPJ－02 的方法执行。

7.3　按 MJYPJ－04 试验方法测定煤焦油试样的密度。

8　操作步骤

8.1　常压蒸馏

8.1.1　根据 7.3 得到的密度值，计算 300mL 混合均匀的试样的质量，准确称量至 0.01g，装入已知质量的蒸馏瓶中。在各个接口处均匀涂抹适量的真空密封脂。使用链状填

料、水冷凝管，按图1接好常压蒸馏装置。将已知质量的接收瓶放在冰水浴中，接通冷却水。

8.1.2　接通加热套电源，缓慢升温，避免加热太快引起暴沸。

8.1.3　按第6章中常压蒸馏馏程的规定进行馏分切割，馏出速率约1～2mL/min，当气相温度为210℃时停止蒸馏。关闭加热套电源和氮气。将各馏分分别称量，精确称量至0.01g。

8.2　减压蒸馏

8.2.1　常压蒸馏结束后，当蒸馏瓶内液相温度降到150℃以下时，换上减压接收器。在各个接口处均匀涂抹适量的真空密封脂。按图2装好减压蒸馏装置。

8.2.2　先开真空泵，缓慢减压至要求的压力，接通加热电源缓慢加热，适量导入氮气。较重馏分流出时，应适当加热冷凝管的下部，以免馏分凝结。

8.2.3　1.33kPa压力下蒸馏：调节压力调节阀，使系统压力稳定在1.33kPa（10mmHg）。按第6章中减压蒸馏馏程1.33kPa（10mmHg）的规定切割馏分，馏出速率约1～2mL/min，当气相温度为218℃（相当于常压温度370℃）时结束蒸馏，停止加热。加大氮气导入量回升蒸馏装置中的压力至大气压。关闭真空泵。

8.2.4　0.27kPa压力下蒸馏：当蒸馏瓶内液相温度降到150℃以下时，降低氮气导入量，取出链状填料，放入锥形体填料。在各个接口处均匀涂抹适量的真空密封脂，接好减压蒸馏装置。开真空泵，缓慢减压。调节压力调节阀，使系统压力稳定在0.27kPa（2mmHg）。按第6章中减压蒸馏馏程0.27kPa（2mmHg）的规定切割馏分，馏出速率约1～2mL/min，当气相温度290℃（相当于常压温度500℃）时结束蒸馏，停止加热。加大氮气导入量回升蒸馏装置中的压力至大气压。关闭真空泵。当蒸馏瓶内液相温度降到150℃以下时，关闭氮气。

8.2.5　将减压蒸馏所得的各馏分油及残留物分别称量，准确到0.01g。

9　结果计算

9.1　各馏分油的质量收率（均按常压馏程计算）按式（1）计算：

$$W_i = \frac{m_i}{m} \times 100 \tag{1}$$

式中　W_i——i馏分油或残留物的质量收率，%；

m_i——i馏分油或残留物的质量，g；

m——脱水煤焦油试样质量，g；

9.2　蒸馏损失W_a按式（2）计算：

$$W_a = 100\% - \sum W_i \tag{2}$$

9.3　每个样品平行测定两次，若两次测量结果在重复性限之内，则取其平均值作为结果报出。否则需进行多次试验，直至达到要求。

9.4　总的蒸馏损失不应大于3.0%（包括轻组分的挥发量、系统和填料的附着量）。

10　方法精密度

重复性限：在重复性条件下获得的两次独立测定结果的绝对差值在95%置信概率下不应大于表2规定的数值：

表2　方法精密度

馏分油温度/℃	重复性限/%
初馏点～210	0.5
210～500	0.8

11　试验报告

试验报告应包括下列内容：

①装入试样的质量，g；

②试样在20℃的密度，g/mL；

③试样在20℃的体积，mL；

④每个馏分的质量收率，准确至0.1%；

⑤馏分的累计质量收率，准确至0.1%；

⑥总的蒸馏损失率，准确至0.1%。

参考文献

[1] 中华人民共和国国家质量监督检验检疫总局 中国国家标准化管理委员会. GB/T 18611—2015 原油简易蒸馏试验方法［S］. 北京：中国标准出版社，2016.

MJYPJ - 08　煤焦油馏分油常压馏程的测定方法

蒸发性能是液体燃料的重要特性之一，它对油料的储存、输送和使用均有重要影响，同时也是生产、科研和设计的主要物性参数。油料的蒸发性能通常是通过馏程等指标来体现。如汽油产品中，初馏点和体积分数10%点馏出温度的高低将影响发动机的起动性能，过高冷车不易起动，过低易形成气阻中断油路；体积分数50%点馏出温度的高低将影响发动机的加速性能；体积分数90%点馏出温度和干点温度表示油品不易蒸发和不完全燃烧的重质馏分含量多少。因此，煤焦油馏分油常压馏程是煤焦油评价的重要指标之一。

煤焦油馏分油常压馏程的测定方法参考现行国标 GB/T 6536—2010《石油产品常压蒸馏特性测定法》[1]。但是，此标准中对样品组别的分类方法不适用于煤焦油馏分油的分类，本方法根据煤焦油馏分油的性质调整和修改了常压馏程的试验条件，在此基础上建立了煤焦油馏分油常压馏程的测定方法。

本方法的主要内容如下：

1　范围

本方法规定了测定煤焦油馏分油常压馏程的分析方法。

本方法适用于煤焦油馏分油的最高馏出温度为400℃。

本方法不适用于高温煤焦油的萘油馏分和蒽油馏分。

2　引用文件

下列文件对于本文件的应用是必不可少的，凡是注日期的引用文件，仅注日期的版本适用于本文件。凡是不注日期的引用文件，其最新版本（包括所有的修改单）适用于本文件。

GB/T 514《石油产品试验用玻璃液体温度计技术条件》。

GB/T 6536《石油产品常压蒸馏特性测定法》。

SY/T 5648《石油产品蒸馏试验器技术条件》。

3 术语和定义

GB/T 6536—2010 界定的术语和定义适用于本标准。

3.1 初馏点 initial boiling point（IBP）

从冷凝管下端流下的第一滴液体时观察的瞬间蒸汽温度。

3.2 终点 end point（EP）或终馏点 final boiling point（FBP）

在试验中达到的最高蒸汽温度。

3.3 蒸发百分数（percent evaporated）

回收百分数与损失百分数之和。

3.4 回收百分数（percent recovered）

观察温度计读数的同时，在接收量筒内观测到的冷凝物体积，以装样体积分数表示。

3.5 最大回收百分数（maximum percent recovery）

按 8.5 条观察到的最大回收体积。

3.6 残留百分数（percent residue）

按 8.7 测得的残留体积，以装样体积分数表示。

3.7 总回收百分数（percent total recovery）

最大回收百分数与残留百分数之和。

3.8 损失百分数（percent loss）

100% 减去总回收百分数。

4 方法提要

用约一个理论塔板的分馏装置蒸馏 100mL 试样，选择适合其性质的试验条件，得到初馏点、终馏点和回收体积百分数与温度相关的曲线。

5 试剂和材料

5.1 石油醚（90～120℃）：分析纯。

5.2 甲苯：分析纯。

警告：极易燃烧，吸入有害。

5.3 量筒：100mL、5mL。

6 仪器设备

6.1 馏程测定器：符合 SY/T 5648 的各项规定。

6.2　液面跟踪装置：测量接收器中回收的液体体积。分度值为0.1mL，精度为±0.5mL。应根据仪器说明书，在不超过3个月的时间间隔对仪器的校准进行验证，并在系统经过更换和修改后也需进行校验。

6.3　温度测量元件：热电偶或者电阻温度计，符合GB/T 514相关技术条件规定。

电热偶或电阻温度计的温度测量系统必须与相当的水银玻璃温度计显示同样的温度滞后和精度。这些温度测量元件的校准可以根据探头的类型用标准精密电阻的电位测定来实现。

6.4　蒸馏烧瓶支架和支板

有两种孔径的支板，即38mm和50mm。

6.5　天平：分度值0.01g。

6.6　使用手动蒸馏仪器，试验条件需符合表1的规定。

7　试验准备

7.1　试样中有水时，试验前应进行脱水。

7.2　在蒸馏前，确保蒸馏管线和接收器的清洁、干燥。

7.3　蒸馏烧瓶可以用石油醚、甲苯洗涤，再用空气吹干。必要时，用铬酸洗液或碱洗液除去蒸馏烧瓶中的积炭。

7.4　用清洁、干燥的100mL量筒，量取试样100mL注入蒸馏烧瓶中，不要使液体流入蒸馏烧瓶的支管内。量筒中的试样体积是按凹液面的下边缘计算，观察时眼睛要保持与液面在同一水平面上。

7.5　用插好温度测量元件的密封塞，紧密地塞在盛有试样的蒸馏瓶口内，使温度测量元件和蒸馏烧瓶的轴心线互相重合，并且使温度测量元件的上边缘与支管焊接处的下边缘在同一平面（图1）。

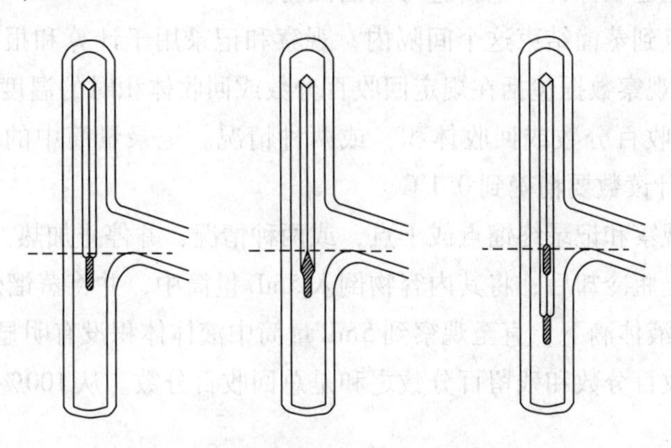

图1　温度计在蒸馏烧瓶中的位置

7.6　若待测试样的终馏点≤200℃时，使用38mm的支板；若待测样品的终馏

点 >200℃时，应使用50mm 的支板。

蒸馏烧瓶的支管插入冷凝管内的长度要达到25～40mm，但不能与冷凝器内壁接触。

7.7 量取过试样的量筒不需要经过干燥，放在冷凝管的下面，并使冷凝管下端插入量筒内（暂时互相不接触）不得少于25mm，也不得低于100mL 的标线。

8 操作步骤

8.1 装好仪器以后，先记录大气压力，然后开始对蒸馏烧瓶均匀加热。按表 1 要求进行常压蒸馏试验。

表 1 试验条件

项 目	终馏点≤200℃	终馏点≤300℃	终馏点≤400℃
开始加热到初馏点时间/min	5～13	5～13	5～15
冷凝器初始温度/℃	0～5	0～10	0～20
初馏点至5%回收体积时间/s	60～100	60～100	60～120
从5%回收体积到蒸馏烧瓶中残留物为5mL 的冷凝平均速率/（mL/min）	4～5	4～5	4～5
从蒸馏烧瓶中残留物为5mL 至终馏点的时间/min	≤5	≤5	≤5
冷凝器最终温度/℃	0～5	5～30	25～50
接收器温度/℃	15	15～20	20～30

8.2 第一滴馏出液从冷凝管滴入量筒时，记录此时的温度为初馏点。

8.3 蒸馏达到初馏点之后，蒸馏速度要均匀，每分钟馏出 4～5mL。

8.4 不符合上述条件，要重新进行蒸馏试验。

8.5 从初馏点到蒸馏结束这个间隔内，观察和记录用于计算和报告实验结果所需要的所有数据。这些观察数据包括在规定回收百分数或回收体积时的温度计读数，或在规定温度计读数时的回收百分数或回收体积，或两种情况。记录量筒中的液体体积，精确到0.1mL；记录温度计读数要精确到0.1℃。

8.6 按要求观察和记录终馏点或干点，或两种情况，并停止加热。

8.7 待蒸馏烧瓶冷却后，将其内容物倒入5mL 量筒中，并将蒸馏烧瓶悬垂在5mL 量筒上，让蒸馏烧瓶液体滴下，直至观察到5mL 量筒中液体体积没有明显的增加为止。

8.8 最大回收百分数和残留百分数之和是总回收百分数。从100%减去总回收百分数得出损失百分数。

9 结果计算

9.1 大气压力高于102.4kPa（770mmHg）或低于100.0kPa（750mmHg）时，馏出温度所受大气压力的影响按式（1）或（2）计算修正数C：

$$C = 0.0009 \times (101.3 - P_{k}) \times (273 + t) \quad (1)$$

或

$$C = 0.00012 \times (760 - P) \times (273 + t) \quad (2)$$

式中 P_k——试验时的大气压，kPa；

P——试验时的大气压，mmHg；

t——温度计读数，℃。

此外，也可以利用表2的馏出温度修正常数k，按式（3）或式（4）简捷地算出修正数C：

$$C = k \times (101.3 - P) \times 7.5 \quad (3)$$

$$C = k \times (760 - P) \quad (4)$$

表2 馏出温度的修正常数表

馏出温度/℃	k	馏出温度/℃	k
11~20	0.35	191~200	0.56
21~20	0.36	201~210	0.57
31~40	0.37	211~220	0.59
41~50	0.38	221~230	0.60
51~60	0.39	231~240	0.61
61~70	0.41	241~250	0.62
71~80	0.42	251~260	0.63
81~90	0.43	261~270	0.65
91~100	0.44	271~280	0.66
101~110	0.45	281~290	0.67
111~120	0.47	291~300	0.68
121~130	0.48	301~310	0.69
131~140	0.49	311~320	0.71
141~150	0.50	321~330	0.72
151~160	0.51	331~340	0.73
161~170	0.53	341~350	0.74
171~180	0.54	351~360	0.75
181~190	0.55		

馏出温度在大气压力P时的数据t和在101.3kPa（760mmHg）时的数据t_0，存在如下的换算关系：

$$t_0 = t + c \tag{5}$$

$$t = t_0 - c \tag{6}$$

9.2　实际大气压力在100.0～102.4kPa（750～770mmHg）范围内，馏出温度不需要进行上述的修正，即认为$t = t_0$。

9.3　每个样品的馏程平行测定两次，若各馏程两次测量结果在重复性限之内，则取其算术平均值作为馏程结果报出，结果修约至整数位。

10　方法精密度

重复性限：在重复性条件下获得的两次独立测试结果的绝对差值在95%置信概率下应不大于表3规定的数值。

表3　方法精密度

	重复性限/℃
初馏点	4
中间馏分	2
干点或终馏点	5

11　试验报告

试验报告至少应包括以下内容：
①样品标识；
②依据标准；
③试验结果；
④与标准的任何偏离；
⑤试验中出现的异常现象；
⑥试验日期。

参　考　文　献

［1］中华人民共和国国家质量监督检验检疫总局 中国国家标准化管理委员会．GB/T 6536—2010 石油产品常压蒸馏特性测定法［S］．北京：中国标准出版社，2011.

MJYPJ－09 煤焦油重质馏分油减压馏程的测定方法

煤焦油重质馏分油的减压馏程是在一定的压力条件下，蒸馏得到样品的沸点范围，主要适用于常压下蒸馏可能分解的馏分油。减压馏程是确定煤焦油加工工艺和产品方案的基础数据。因为沸点范围直接与密度、黏度、平均相对分子质量和其他许多化学、物理、机械性质有关，这些性质对产品的使用起决定性因素。因此，煤焦油重质馏分油减压馏程是煤焦油评价的重要指标之一。

煤焦油重质馏分油减压馏程的测定方法参考现行国标 GB/T 9168—1997《石油产品减压蒸馏测定法》[1]。但是，此标准适用范围规定了在减压下液相的最高温度为400℃，而煤焦油重质馏分油在此温度下易发生裂解、缩聚和结焦等现象。根据煤焦油重质馏分油的特点，本方法规定在减压下液相最高蒸馏温度不高于350℃。

本方法的主要内容如下：

1 范围

本方法是在减压下用自动或手动蒸馏仪测定液体最高温度达到350℃时，能部分或全部蒸发的煤焦油重质馏分油的沸点范围。

本方法适用于煤焦油重质馏分油、减压馏程的测定。

2 引用方法

下列文件对于本文件的应用是必不可少的。凡是注日期的引用文件，仅所注日期的版本适用于本文件。凡是不注日期的引用文件，其最新版本（包括所有的修改单）适用于本文件。

GB/T 9168《石油产品减压蒸馏测定法》。

MJYPJ－04 煤焦油及重质馏分油密度的测定方法。

3 术语和定义

GB/T 9168 中界定的术语和定义适用于本标准。

3.1　初馏点 initial boiling point（IBP）

从冷凝管下端流下第一滴液体时观察的瞬间蒸汽温度。

3.2　终点 end point（EP）或终馏点 final boiling point（FBP）

在试验中达到的最高蒸汽温度。

3.3　常压等同温度 atmospheric equivalent temperature（AET）

常压等同温度是指在常压下蒸馏而无热分解的蒸馏温度。

4　方法提要

在0.13~6.7kPa（1~50mmHg）之间某个准确控制的规定压力下，用约一个理论塔板的分馏装置蒸馏试样，可以得到初馏点、终馏点和回收体积百分数与常压等同温度相关的曲线。

5　试剂和材料

5.1　石油醚（90~120℃）：化学纯。

5.2　环已烷：化学纯。

5.3　四氢呋喃：化学纯。

5.4　硅润滑脂：专门为高真空度应用而生产的高真空硅润滑脂。

5.5　氮气：纯度为99%以上。

6　仪器设备

6.1　蒸馏装置

蒸馏装置如图1所示。主要包括蒸馏烧瓶、蒸馏柱、冷却系统、真空系统、温控系统、液面跟踪装置，相关元件的尺寸符合标准GB/T 9168中6.1条的规定。

6.1.1　蒸馏烧瓶：500mL，用硼硅玻璃或石英制成，并带有一个有保温层的加热套。

6.1.2　真空夹套蒸馏柱组合件：由硼硅玻璃制成，包括一个蒸馏头和一个联结的冷凝器。蒸馏头完全被镀银的玻璃真空夹套密封。

6.1.3　冷却系统：在30~80℃温度范围内控制在±3℃，能把冷却剂供给接收器和冷却器系统。自动仪器的接收器固定在恒温室，冷却剂循环系统只把冷却剂供给冷却器系统。

6.1.4　真空系统

（1）真空计：在低于1kPa（7.5mmHg）时测量绝对压力的精度为±10Pa（±0.08mmHg）。真空计通常是电子压力测量系统。在1kPa以上测量精度为±1%。

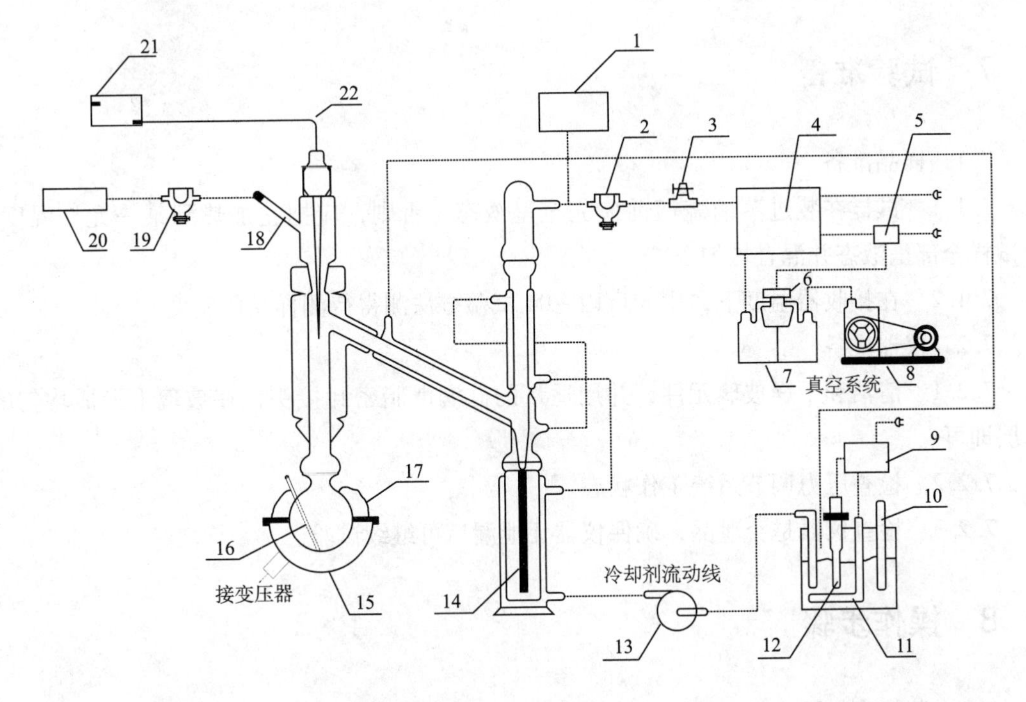

图1　真空蒸馏装置

1，20—真空计（任选其一：第一个，第二个）；2，19—冷阱；3—充压接头；4—压力调节系统；5，9—继电器；6—电磁阀；7—平衡罐；8—真空泵；10—温度计；11—循环液加热器；12—温度调节器；13—循环泵；14—滴链；15—加热套；16—温度计套管；17—保温层；18—温度传感器或真空接头；21—数字温度指示器；22—铂电阻温度计传感器

（2）压力调节系统：在低于1kPa绝对压力时，应保持恒定在±10 Pa以内。在1kPa或高于1kPa绝对压力时，应保持系统压力恒定在绝对压力的±1%以内。

（3）真空装置：包括一个真空泵和一个平衡罐。在100kPa压力下真空泵流量至少为850L/min的单机泵，平衡罐容量至少应为5L。

6.1.5　温控系统

温度计应每年进行校准一次。

（1）蒸气温度：0～400℃，精度为±0.5℃，响应时间小于200s。

（2）液相温度：0～400℃，精度为±0.5℃，响应时间小于200s。

（3）接受仓温度：室温～80℃，精度为±0.2℃。

6.1.6　液面跟踪装置：测量接收器中回收的液体体积。应根据仪器说明书，在不超过3个月的时间间隔内对仪器的校准进行验证，并在系统经过更换或修改后也需进行校验。

6.2　安全屏或安全罩：将操作者与蒸馏仪器隔开，用6mm厚的有机玻璃或其他有相当强度的透明材料制成。

6.3　天平：分度值0.01g。

7 试验准备

7.1 样品准备

7.1.1 试样在装进蒸馏烧瓶前应完全呈液态。否则，应把它加热到某一允许温度，使试样全部呈液态并混合均匀。

7.1.2 在接收器温度下，用 MJYPJ－04 试验方法测得待测样品的密度。

7.2 仪器准备

7.2.1 清洁和干燥玻璃元件，并用适量的硅润滑脂密封接头，在玻璃上形成均匀的薄层即可。

7.2.2 检查压力调节系统工作状态。

7.2.3 检查仪器是否泄漏，确保仪器无泄漏后可继续试验。

8 操作步骤

8.1 调整冷却器冷却液的温度，使其至少比试验中观测的最低蒸汽温度低 30℃。

注：对大多数煤焦油重质馏分油的蒸馏适宜冷却液温度是 60 ~ 85℃。

8.2 在接收器温度下，根据 7.1.2 节获得待测样品的密度确定相当于 200mL 试样的质量，精确到 0.1g。将试样装入蒸馏烧瓶中。

8.3 用少量的硅润滑脂密封蒸馏仪器的球形接头，涂抹前要保证接头表面干净，将蒸馏烧瓶与蒸馏头下部的球形接头相连接，把蒸馏烧瓶放在加热器上，用可调弹簧夹连接仪器的其余部分，将连接处夹紧。

8.4 将温度传感器放进蒸馏烧瓶的温度计套管内。

8.5 调整蒸馏压力到规定值。压力应逐级地自动减少，防止试样起泡沫。

8.6 压力达到要求后，接通加热器并尽快加热蒸馏烧瓶，注意不要使试样产生过多的泡沫。一旦蒸馏烧瓶颈部出现蒸汽或回流液体，则调整加热速度，使馏出物以 8 ~ 10mL/min 均匀的速度进行。

8.7 当接收器收集初馏点和 5、10、20、30、40、50、60、70、80、90、95 各回收体积百分数以及终点的馏出物时，记录相应的蒸汽温度、时间和压力。

8.8 当观察压力突然增加，并有白色蒸汽出现和蒸汽温度降低时，说明被蒸馏的物质已分解，应立即停止蒸馏。并在较低压力下用新的试样重新蒸馏。

8.9 如果当液体温度达到 350℃时还未到蒸馏终点，则仪器停止蒸馏，并记录蒸汽温度和停止蒸馏前的总回收体积分数。

8.10 蒸馏结束后，仪器进行冷循环。当温度降至安全值（通常 150℃）以下，将系统压力逐渐增大到大气压力。如果需要在大于 150℃之前移出蒸馏烧瓶，则可用干燥氮气

使系统压力回到大气压力。

8.11 将安装在真空系统前的冷阱温度回到室温，回收、测量并记录在冷阱内收集的液体体积。

8.12 清洗仪器。移去接收器，并放置另一个接收器。移去蒸馏烧瓶，再放置一个已装入适量清洗溶剂的蒸馏烧瓶，在常压下清洗试验装置。清洗结束后，拆下蒸馏烧瓶和接收器，并用温和的空气流或氮气流干燥装置。

注：可用石油醚（90～120℃）或环己烷或四氢呋喃作清洗溶剂。

9 结果计算

9.1 用式（1、2或3）将观察的蒸汽温度读数换算成常压等同温度（*AET*），或采用GB/T 9168—1997 11章中表1～表6转换而得到。

注：如果有争议，应使用公式计算。

$$AET = \frac{(748.1 \times A)}{\left[\frac{1}{(VT,K)}\right] + (0.3861 \times A - 0.00051606)} - 273.1 \tag{1}$$

$$A = \frac{5.143836 - (0.9774472 \times \log p)}{2579.33 - (95.76 \times \log p)} \tag{2}$$

或

$$A = \frac{5.9991972 - (0.9774472 \times \log p')}{2663.129 - (95.76 \times \log p')} \tag{3}$$

式中 A——在式（2）或式（3）中得到的值；

VT,K——观察到的蒸汽温度，K；K = ℃ +273.1；

p——读取蒸汽温度时观察的系统压力，kPa；

p'——读取蒸汽温度时观察的系统压力，mmHg。

9.2 报告在接收器中与回收液体的体积百分数相对应的常压等同温度，以摄氏温度取整数。也要报告试样的密度（7.1.2中测量结果）和在接收器中回收的液体体积与连接在真空系统前的冷阱中液体的体积总和。

9.3 每个样品的馏程平行测定两次，若各馏程两次测量结果在重复性限之内，则取其算术平均值作为馏程结果报出，结果修约至整数位。

10 方法精密度

重复性限：在重复性条件下获得的两次独立测试结果的绝对差值在95%置信概率下应不大于表1规定的数值。

表1 方法精密度

	重复性限/℃
初馏点	15
中间馏分	5
终馏点	10

11 试验报告

试验报告至少应包括以下内容：
①样品标识；
②依据标准；
③试验结果；
④与标准的任何偏离；
⑤试验中出现的异常现象；
⑥试验日期。

参考文献

[1] 国家质量技术监督局．GB/T 9168—1997 石油产品减压蒸馏测定法［S］．北京：中国标准出版社，2004.

MJYPJ-10　煤焦油馏分油平均相对分子质量的测定方法

煤焦油馏分油是各种化合物的复杂混合物，其各组分相对分子质量的平均值，称为平均相对分子质量。平均相对分子质量随馏分密度增加而增大。煤焦油馏分油的平均相对分子质量是最基本的物性之一，是工艺计算、科研和设计必不可少的性质数据。例如，通过测定馏分油的折射率（n）、密度（d）和相对分子质量（M），可计算馏分油中碳分布和结构组成。因此，测定煤焦油馏分油平均相对分子质量是煤焦油详细评价的主要指标之一。

常用油品平均相对分子质量的测定方法有气相渗透压法、沸点升高法和冰点降低法。传统的气相渗透压法普遍采用“仪器参数法”测定，缺点是费时、费工、费料，已不能满足飞速发展的科技需要；沸点升高法和冰点降低法测定平均相对分子质量其原理相同，但冰点降低法具有灵敏度高、实验误差小和重复测定溶液浓度不变等优点。因此，根据煤焦油馏分油的特性，选用冰点降低法测定煤焦油馏分油的平均相对分子质量。

煤焦油馏分油的平均相对分子质量的测定方法参考了现行石化行业标准 SH/T 0169—1992《矿物绝缘油平均相对分子质量测定法——冰点降低法》[1]。由于煤焦油馏分油中芳烃化合物含量高，本方法规定采用苯作为溶剂，且规定平均相对分子质量的测量范围为 100 ~ 600。

本方法的具体内容如下：

1　范围

本方法规定了用冰点降低法测定煤焦油馏分油平均相对分子质量的方法。

本方法适用于能与苯溶液互溶、平均相对分子质量为 100 ~ 600 的煤焦油馏分油的测定。

本方法不适用于含固煤焦油及馏分油的测定。

2　方法提要

将一定量的试样溶解在苯溶剂里，苯的冰点会降低，且降低的幅度仅与试样的质量有关，即可测出溶剂的冰点降低值，用拉乌耳定律计算出试样的平均相对分子质量。

3 试剂和材料

3.1 溶剂：苯，分析纯。

3.2 标准样品：甲苯。

3.3 洗涤溶剂：无水乙醇，化学纯。

注：1. 苯、甲苯易燃，注意防护；

2. 苯、甲苯是致癌物，应避免暴露使其蒸发。

4 仪器设备

4.1 分子量测定仪

4.1.1 冷阱：能够盛放足够量的冷却介质的容器，冷阱的温度可通过调节器来精确控制。

4.1.2 测量管：与分析仪匹配。

4.1.3 温度计：使用的是惠斯通电桥原理的电热调节器。在整个冷却、过冷、结晶和测量操作中可以连续读取样品的温度。能够测量0.001℃温度值的变化。

4.1.4 搅拌器：惰性材料制成，与分析仪匹配。

4.2 分析天平：分度值0.1mg。

5 操作步骤

5.1 样品配制

准确称取一定量的煤焦油馏分油样品（或甲苯标准样品）至已知量的苯溶剂中，搅拌震荡至混合均匀，制成待测样品溶液和校准用甲苯标准溶液。

注：配制样品浓度应在仪器推荐的浓度范围之内。

5.2 仪器校准

5.2.1 分别移取适量苯溶剂和5.1配制的甲苯标准溶液于不同的测量筒内，至测量筒刻度线备用。

5.2.2 将测量管直接放在冷浴中，安装好仪器，冷却样品至过冷状态，然后通过高振幅的搅拌使得无污染的结晶发生。整个过程中温度的变化持续显示。温度首先下降，然后上升到最大值又维持恒定或慢慢下降，温度稳定时记录读数。整个过程如图1所示。

OB表示稳定冷却，B点表示凝固开始，BC表示温度骤升，CD表示稳定的下降，将CD直线部分延长到OB相交于A，A点的温度是真冰点。

5.2.3 先测定苯溶剂的冰点下降值，通过调整至显示为0000。

5.2.4　再测定甲苯标准溶液的冰点下降值，根据甲苯的相对分子质量和质量反推冰点下降值，计算值应与显示值一致，若有偏差通过调整斜率旋钮使示数一致。

5.2.5　分析样品前，需进行仪器校准。

5.3　样品的测定

5.3.1　在操作测量模式下，将配制好的煤焦油馏分油样品溶液，按照5.2.1、5.2.2规定的步骤测定其冰点下降值。

5.3.2　重复测定两次，两次冰点下降值相差应在0.005℃内，取其平均值进行结果计算。

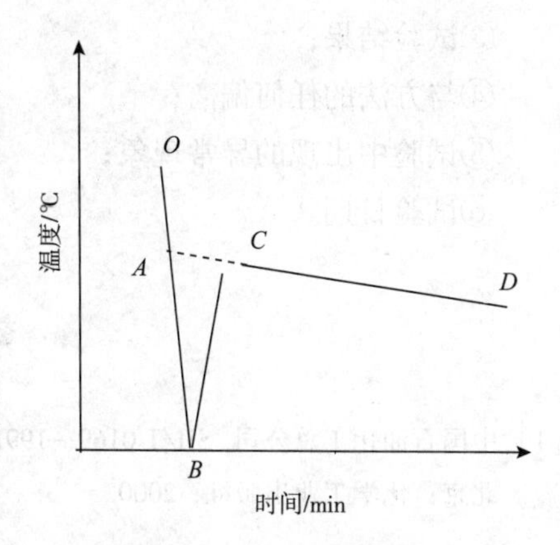

图1　冰点冷却曲线示例

6　结果计算

6.1　试样的平均相对分子质量 M 按下式计算：

$$M = \frac{(F - D)m \cdot N}{D \cdot m_1}$$

式中　F——溶剂的冰点下降常数；

D——冰点下降值（溶剂冰点减去溶液冰点），℃；

m——试样的质量，g；

N——溶剂的相对分子质量；

m_1——溶剂的质量（由体积计算），g。

F 及 N 值如下（冰点下降常数 F，仅能在本公式应用）：

	F	N
苯	65.6	78.1

7　方法精密度

重复性限：在重复性条件下获得的两次独立测试结果的绝对差值在95%置信概率下不应大于其算术平均值的10%。

8　试验报告

试验报告至少包括以下内容：

①样品标识；

②依据方法；

③试验结果；

④与方法的任何偏离；

⑤试验中出现的异常现象；

⑥试验日期。

参 考 文 献

[1] 中国石油化工总公司 . SH/T 0169—1992 矿物绝缘油平均相对分子质量测定法——冰点降低法[S]. 北京：化学工业出版社，2000.

MJYPJ－11　煤焦油及馏分油碳、氢、氮、硫的测定方法

煤焦油及馏分油主要元素组成为碳、氢、氧、氮、硫，准确测定这些有机元素，对研究煤焦油及馏分油的化学结构、深加工的反应机理、制定加工方案、环境保护与治理以及改善产品质量等都有很大的指导意义。在煤焦油加工过程中，硫化物对设备的腐蚀也是必须要考虑的问题之一。因此，元素分析是煤焦油评价的主要指标。

元素分析主要有化学法、光谱法、能谱法等，其中化学法是最经典的分析方法，但其分析时间长且工作量较大。随着科技的进步，分析速度快、所需样品量少（几毫克）、可同时测定多种元素、适合大批量样品分析的全自动元素分析仪已被广泛应用。

目前，现行国家标准和行业标准中，采用全自动元素分析仪测定碳、氢、氮、硫四种元素含量的只有商检行业标准 SN/T 3005—2011《有机化学品中碳、氢、氮、硫含量的元素分析仪测定方法》[1]。该方法明确规定不适用于易挥发样品的测定，同时在应用范围上也不适用于煤焦油及馏分油中碳、氢、氮、硫元素的测定。本方法采用全自动元素分析仪，测定煤焦油及馏分油中碳、氢、氮、硫四种元素含量。

本方法的具体内容如下：

1　范围

本方法规定了采用元素分析仪测定煤焦油及馏分油中碳、氢、氮、硫含量的方法。

本方法适用于煤焦油及馏分油中碳、氢、氮、硫的测定。

本方法不适用于煤焦油及馏分油中氮或硫的含量≤0.15%样品的测定。

2　方法提要

样品在纯氧的条件下高温燃烧，碳、氢、氮、硫四种元素相应生成二氧化碳、水蒸气、氮氧化物和硫氧化物。以氦气作载气，将生成的气体通过铜还原，将氮氧化物还原成氮气、三氧化硫还原成二氧化硫，随后混合气采用程序升温解吸附分离成氮气、二氧化碳、水蒸气和二氧化硫，在 TCD 中进行检测，利用检测信号、样品质量和储存的校准曲线，通过计算得到样品中碳、氢、氮、硫的含量。

3 试剂和材料

3.1 载气：选用仪器说明书指定的氦气或其他合适的气体。

3.2 氧气：选用仪器说明书指定的氧气。

3.3 试剂：选用仪器说明书指定的试剂。

3.4 标准物质：推荐使用表1中给出的标准物质。也可选用市售的有证标准物质，标准物质中的各元素含量应尽可能与待测样品相近。

表1 常用校准物质及其各元素的质量分数

化合物名称	分子式	碳/%	氢/%	氮/%	硫/%
对氨基苯磺酰胺	$C_6H_8N_2O_2S$	41.85	4.68	16.26	18.62
双叔丁基苯甲噻吩（BBOT）	$C_{26}H_{26}N_2O_2S$	72.53	6.09	6.51	7.44

4 仪器设备

4.1 元素分析仪：元素分析仪由进样器、加热炉（包括氧化管和还原管）、混合气体分离柱（管）、TCD检测器和数据处理系统组成。

4.2 制样器：仪器专用固体样品或液体样品制样器。

4.3 分析天平：分度值0.001mg。

5 操作步骤

5.1 元素分析仪工作条件

按仪器说明书指定的CHNS模式的操作条件进行试验。试验前应对仪器进行多点标定，建立标准曲线。

5.2 空白值的确定

按仪器说明书的要求首先进行多次空白试验，直到仪器的空白值达到说明书中限定的数值。

5.3 标准样品的称量

用专用的容器准确称取选定的标准物质2~3mg，精确至0.002mg，用仪器配备的制样器排净空气并密封。平行制备6个相同的标准样品，备用。

5.4 条件化试验与仪器校准

空白值达到要求后，用制备好的3个标准样品进行仪器条件化试验，再用优化的条件对另外3个标准样品进行连续测试。若三次测定值在重复性限内，则用测定值的平均值计算日校正因子，日校正因子在0.9~1.1之间，则完成对仪器的校准。若三次测定值不在

重复性限内，则需重新称取标准样品再进行标准样品的测试，至达到要求。若日校正因子不在0.9~1.1之间，则需重新建立标准曲线。

5.5　样品的称量

用专用的容器称取均匀的适量样品2~5mg，精确至0.002mg，排除空气且密封，备用。

5.6　样品的测定

将称量的样品放入自动进样器中，依照预先设置的程序进行测定。每个样品平行测定两次，若两次测量结果在重复性限之内，则取其平均值作为结果报出；否则需进行多次试验，直至达到要求。

6　结果计算

6.1　样品中碳、氢、氮、硫的质量分数由仪器的数据处理系统自动计算出来，也可用式（1）进行计算。

$$w_a = \frac{K \times m_s \times w_s}{C \times m} \quad (1)$$

式中　w_a——样品中碳、氢、氮、硫的质量分数,%

K——除去空白后样品中碳、氢、氮、硫的响应值；

m_s——标准样品质量，mg；

w_s——标准样品中碳、氢、氮、硫的质量分数,%；

C——除去空白后标准样品中碳、氢、氮、硫的响应值；

m——样品质量，mg。

6.2　样品中碳、氢、氮、硫的质量分数，精确至小数点后两位。

7　方法精密度

重复性限：在重复性条件下获得的两次独立测试结果的绝对差值在95%置信概率下应不大于表2规定的数值。

表2　方法精密度

元素名称	重复性限/%
碳	0.30
氢	0.20
氮	0.10
硫	0.10

8 试验报告

试验报告至少包括以下内容：

①样品标识；

②依据标准；

③与方法的任何偏离；

④试验中出现的异常现象；

⑤试验结果；

⑥试验日期。

参 考 文 献

［1］中华人民共和国国家质量监督检验检疫总局. SN/T 3005—2011 有机化学品中碳、氢、氮、硫含量的元素分析仪测定方法［S］. 北京：中国标准出版社，2012.

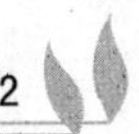

MJYPJ－12　煤焦油表观黏度的测定方法

黏度不仅是工业过程中必需的传递性质，还是油品主要的使用指标之一，特别是对各种润滑油分类分级、质量鉴别和确定用途等有决定性的意义。在油品流动及输送过程中，黏度对压力降等起到重要作用。因为黏度是工程计算、工艺设计过程中不可缺少的物理性质，所以煤焦油表观黏度是煤焦油评价的重要指标之一。

煤焦油表观黏度的测定方法参考了现行国标 GB/T 30045—2013《煤炭直接液化——油煤浆表观黏度测定方法》[1]，与标准 GB/T 30045—2013 的区别是规定测量煤焦油表观黏度的剪切速度为 $300s^{-1}$；且规定在（20±0.1）℃下进行旋转黏度计的标定。本方法还规定了在测试过程中如果样品黏度过大，需升高测试温度，或调低转速进行测量。

本方法的具体内容如下：

1　范围

本方法规定了用带有同轴圆筒测量系统的旋转黏度计测定煤焦油表观黏度的方法。

本方法适用于煤焦油及馏分油表观黏度的测定。

2　术语和定义

下列术语和定义适用于本方法。

煤焦油表观黏度 apparent viscosity of coal－tar

煤焦油在剪切速率为 $300s^{-1}$ 下的黏度称为煤焦油的表观黏度，用 $\eta_{300s^{-1}}$ 表示，单位为 mPa·s。

3　方法提要

同轴圆筒型旋转黏度计的外筒装入适量的煤焦油，在规定的条件下，内筒以一定角速度旋转，通过测定 $300s^{-1}$ 剪切速率下内筒旋转过程中所受的黏性力矩，根据预先用有证黏度方法物质标定的曲线得出煤焦油表观黏度。

4　试剂和材料

有证黏度标准物质：4 个，动力黏度值范围 0 ~ 10000mPa · s（20℃）。

5　仪器设备

5.1　同轴圆筒型旋转黏度计

5.1.1　转子（内筒）：外径 40.0mm，高度 60mm；

5.1.2　测量容器（外筒）：内径 42.0mm，高度大于 60mm；

5.1.3　测定范围：1 ~ 10000mPa · s；

5.1.4　剪切速率：10 ~ $1800s^{-1}$，可调。

5.2　恒温槽

5.2.1　温度范围：20 ~ 80℃；

5.2.2　控温精度：±0.1℃。

5.3　记录系统：记录仪、数据处理系统。

6　操作步骤

6.1　试样准备

6.1.1　试样在装进内筒前应完全呈液态。否则，应把它加热到某一允许温度，使试样全部呈液态。

6.1.2　充分搅拌试样，使其无沉淀成均匀状态，取样备用。

6.2　旋转黏度计的标定

6.2.1　将适量的有证黏度标准物质加入外筒内，缓慢、倾斜地将转子（内筒）浸入外筒中，以使标准油中夹带的气泡上浮消失；确保转子全部浸入样品液面下，连接好转子与测量装置的连接杆，将旋转黏度计外筒置于已调温至（20 ± 0.1）℃的恒温器中。

6.2.2　在剪切速率 $300s^{-1}$ 条件下，启动旋转黏度计，从第 11min 开始记录仪器读数，每隔 10s 电脑记录一次仪器读数，共计 30 次，以测定结果的平均值为样品的黏度值，修约到整数位报出。

6.2.3　以测定值为横坐标，标准值为纵坐标，作黏度测定值与标准值关系曲线。

6.2.4　黏度计每月至少用有证标准物质标定一次；若长期不用，使用前必须标定。

6.3　样品的测定

用煤焦油代替有证黏度标准物质，按 6.2.1、6.2.2、6.2.3 规定的步骤测定煤焦油样品的黏度，但需将 6.2.1 中恒温器的温度设定为（60 ± 0.1）℃根据标定曲线给出样品的黏

度值。

6.4　在测试过程中如果样品黏度过大，需要升高测试温度，或调低转速进行测量，不同的测试条件需要标记清楚。

7　方法精密度

在重复性条件下获得的两次独立测试结果的绝对差值在95%置信概率下应不大于按公式（1）计算的数值（修约到整数位）。

$$r = 0.13\eta_{300s^{-1}} - 4.30 \quad (1)$$

式中　r——重复性限，MPa・s；

$\eta_{300s^{-1}}$——两次重复测定的平均值，MPa・s。

8　试验报告

试验结果报告至少包括以下信息：

①样品标识；

②依据方法；

③试验结果；

④与方法的任何偏离；

⑤试验中出现的异常现象；

⑥试验日期。

参　考　文　献

［1］中华人民共和国国家质量监督检验检疫总局 中国国家标准化管理委员会. GB/T 30045—2013 煤炭直接液化——油煤浆表观黏度测定方法［S］. 北京：中国标准出版社，2014.

MJYPJ－13 煤焦油馏分油运动黏度的测定方法

煤焦油馏分油运动黏度的测定方法参考了现行国标 GB/T 265—1988《石油产品运动黏度测定法和动力黏度计算法》[1]。由于石油产品大多以链烷烃结构为主，而煤焦油馏分油具有链烷烃少、芳烃和胶质多特性，因此，GB/T 265—1988 标准方法中的测量温度范围－50～100℃不能满足煤焦油馏分油对测定温度的要求。针对煤焦油馏分油的特点，本方法拓宽了运动黏度的测量温度范围，同时对温度计和恒温浴介质均做相应调整。

本方法的主要内容如下：

1 范围

本方法规定了煤焦油馏分油运动黏度的测定方法。

本方法适用于煤焦油馏分油，包括石脑油馏分、航煤馏分、酚油馏分、柴油馏分、重质馏分油等。

本方法测定煤焦油馏分油的运动黏度，其单位为 mm^2/s。动力黏度可由测得的运动黏度乘以样品的密度求得。

2 引用文件

下列文件对于本文件的应用是必不可少的，凡是注日期的引用文件，仅注日期的版本适用于本文件。凡是不注日期的引用文件，其最新版本（包括所有的修改单）适用于本文件。

GB/T 514《石油产品试验用玻璃液体温度计技术条件》。

GB/T 1885《石油计量表》。

GB/T 6682《分析实验室用水规格和试验方法》。

SH/T 0173《玻璃毛细管黏度计技术条件》。

JJG 155《工作毛细管黏度计检定规程》。

MJYPJ－03 煤焦油馏分油密度的测定方法。

MJYPJ－04 煤焦油及重质馏分油密度的测定方法。

3 术语和定义

下列术语和定义适用于本方法。

牛顿液体 Newtonian liquid

具有层流特征的流体，相邻的两层平行流动的液体间产生的剪切应力与垂直于流动方向的速度梯度成正比。

4 方法提要

本方法是在某一恒定的温度下，测定一定体积的液体在重力下流过一个标定好的玻璃毛细管黏度计的时间，黏度计的毛细管常数与流动时间的乘积，即为该温度下测定液体的运动黏度。在温度 t 时运动黏度用符号 v_t 表示。

该温度下运动黏度和同温度下液体的密度之积为该温度下液体的动力黏度。在温度 t 时的动力黏度用符号 η_t 表示。

5 试剂和材料

5.1 石油醚：60～90℃，化学纯。

5.2 95%乙醇：化学纯。

5.3 四氢呋喃：化学纯。

5.4 铬酸洗液。

5.5 蒸馏水：符合 GB/T 6682 中三级水。

6 仪器设备

6.1 仪器

6.1.1 黏度计

（1）玻璃毛细管黏度计应符合 SH/T 0173 的要求。也允许采用具有同样精度的自动黏度计。

（2）毛细管黏度计一组，毛细管内径为 0.4mm、0.6mm、0.8mm、1.0mm、1.2mm、1.5mm、2.0mm、2.5mm、3.0mm、3.5mm、4.0mm、5.0mm 和 6.0mm（图 1）。

（3）每支黏度计必须按 JJG 155 的规定进行检定并确定常数。

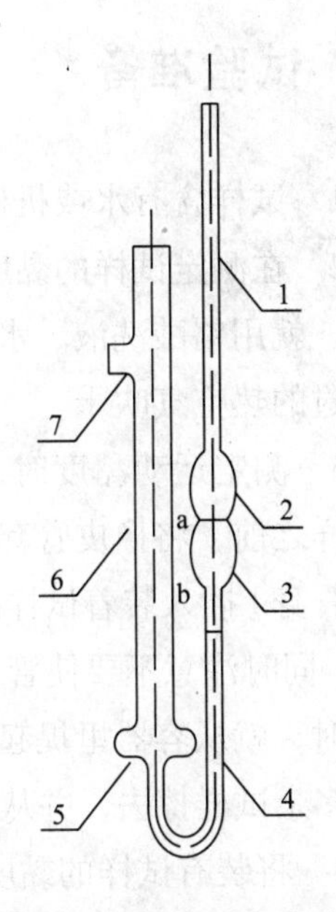

图 1 毛细管黏度计图

1，6—管身；2，3，5—扩张部分；4—毛细管；a，b—标线；7—出气孔

测定试样的运动黏度时，应根据试验的温度选用适当的黏度计，勿使试样的流动时间不少于200s，内径0.4mm的黏度计流动时间不少于350s。

6.1.2　恒温浴

带有透明壁或装有观察孔的恒温浴，其高度不小于180mm，容积不小于2L，并且附设着自动搅拌装置和一种能够准确地调节温度的电热装置。

根据测定的条件，要在恒温浴中注入如表1中列举的一种介质。

6.1.3　玻璃水银温度计

选用GB/T 514中规定的编号为GB－9、GB－10、GB－11、GB－13、GB－14、GB－15、GB－17、GB－18、GB－58和GB－62温度计。

6.2　秒表：分格为0.1s。

6.3　用于测定黏度的秒表、毛细管黏度计和温度计都必须定期检定。

表1　在不同温度下使用的恒温浴介质

测定的温度/℃	恒温浴液体
80～150	甲基硅油
20～80	蒸馏水
0～20	水与冰的混合物，或乙醇与干冰的混合物
－60～0	乙醇与干冰的混合物；在无乙醇的情况下，可用无铅汽油代替

7　试验准备

7.1　试样含有水或机械杂质时，在试验前必须经过脱水处理，并除去机械杂质。

7.2　在测定试样的黏度之前，必须将黏度计用溶剂油或石油醚洗涤，如果黏度计沾有污垢，就用铬酸洗液、水、蒸馏水或95%乙醇依次洗涤。然后放入烘箱中烘干或用通过棉花滤过的热空气吹干。

7.3　测定运动黏度时，在内径符合要求且清洁、干燥的毛细管黏度计内装入试样。在装试样之前，将橡皮管套在支管7上，并用手指堵住管身6的管口，同时倒置黏度计，然后将管身1插入装着试样的容器中；这时利用橡皮球、水流泵或其他真空泵将液体吸到标线b，同时注意不要使管身1，扩张部分2和3中的液体发生气泡和裂隙。当液面达到标线b时，就从容器里提起黏度计，并迅速恢复其正常状态，同时将管身1的管端外壁所沾着的多余试样擦去，并从支管7取下橡皮管套在管身1上。

7.4　将装有试样的黏度计浸入事先准备妥当的恒温浴中，并用夹子将黏度计固定在支架上，在固定位置时，必须把毛细管黏度计的扩张部分2浸入一半。

温度计要利用另一只夹子来固定，水银球的位置应接近毛细管中央点的水平面，并使温度计上要测温的刻度位于恒温浴的液面上10mm处。

使用全浸式温度计时，如果它的测温刻度露出恒温浴的液面，就依照式（1）计算温度计液柱露出部分的补正数 Δt，才能准确地量出液体的温度：

$$\Delta t = k \times h(t_1 - t_2) \tag{1}$$

式中 k ——常数，水银温度计采用 $k = 0.00016$. 酒精温度计采用 $k = 0.001$；

h ——露出在浴面上的水银柱或酒精柱高度，用温度计的度数表示；

t_1 ——测定黏度时的规定温度，℃；

t_2 ——接近温度计液柱露出部分的空气温度，℃（用另一支温度计测出）。

试验时取 t_1 减去 Δt 作为温度计上的温度读数。

8 操作步骤

8.1 将黏度计调整成为垂直状态，要利用铅垂线从两个相互垂直的方向去检查毛细管的垂直情况。将恒温浴调整到规定的温度，把装好试样的黏度计浸在恒温浴内，经恒温如表 2 规定的时间。试验的温度必须保持恒定到 ±0.1℃。

表 2 黏度计在恒温浴中的恒温时间

试验温度/℃	恒温时间/min
100，120，150	20
50，80	15
20	10
-60 ~ 0	15

8.2 利用毛细管黏度计（图 1）管身 1 口所套着的橡皮管将试样吸入扩张部分 3，使试样液面稍高于标线 a，并且注意不要让毛细管和扩张部分 3 的液体产生气泡或裂隙。

8.3 此时观察试样在管身中的流动情况，液面正好到达标线 a 时，开动秒表，液面正好流到标线 b 时，停止秒表。

试样的液面在扩张部分 3 中流动时，注意恒温浴中正在搅拌的液体要保持恒定温度，而且扩张部分中不应出现气泡。

8.4 用秒表记录下来的流动时间，应重复测定至少四次，其中各次流动时间与其算术平均值的差数应符合表 3 规定的要求：

表 3 各次流动时间与其平均数的差数

测定的温度/℃	流动时间与其算术平均值的差数/%
80 ~ 150	±0.5
20 ~ 80	±1.0
0 ~ 20	±1.5
-60 ~ 0	±2.5

8.5　取不少于三次的流动时间所得的算术平均值，作为试样的平均流动时间。

9　结果计算

9.1　在温度 t 时，试样的运动黏度 v_t（mm^2/s）按式（2）计算：

$$v_t = c \times \tau_t \tag{2}$$

式中　c——黏度计常数，mm^2/s^2；

τ_t——试样的平均流动时间，s。

例：黏度计常数为 0.02221mm^2/s^2，试样在 50℃时的流动时间为 284.73s、284.17s、283.69s 和 286.24s。因此流动时间的算术平均值为

$$\tau_{50} = \frac{284.73 + 284.17 + 283.69 + 286.24}{4} = 284.71\text{s}$$

各次流动时间与平均流动时间的允许差数为 $\frac{284.71 \times 0.5}{100} = 1.42\text{s}$

因为 286.24s 与平均流动时间之差已超过 1.6s，所以这个读数应弃去。计算平均流动时间时，只采用 284.73s、284.17s 和 283.69s 的观测读数，它们与算术平均值之差，都没有超过 1.6s。

于是平均流动时间为：

$$\tau_{50} = \frac{284.73 + 284.17 + 283.69}{3} = 284.20\text{s}$$

试样运动黏度测定结果为

$$v_{50} = c \times \tau_{50} = 0.02221 \times 284.20 = 6.312\text{mm}^2/\text{s}$$

9.2　试样运动黏度

在温度 t 时，试样动力黏度 η_t 的计算如下

9.2.1　按 MJYPJ－03 或 MJYPJ－04 和 GB/T 1885—1998 测定试样在温度 t 时的密度 ρ_t（g/cm^3）。

9.2.2　在温度 t 时，试样的动力黏度 η_t（mPa·s）按式（3）计算：

$$\eta_t = v_t \times \rho_t \tag{3}$$

式中　v_t——在温度 t 时，试样的运动黏度，mm^2/s；

ρ_t——在温度 t 时，试样的密度，g/cm^3。

9.3　取重复测定两个结果的算术平均值，作为试样的运动黏度，取四位有效数字。

10　方法精密度

重复性限：在重复性条件下获得的两次独立测试结果的绝对差值在 95% 置信概率下应

不大于表4规定的数值。

表4 方法精密度

测定黏度的温度/℃	重复性限/%
-60~0	4.0
0~20	2.0
20~80	1.5
80~150	1.0

11 试验报告

试验报告至少包括以下内容：

①样品标识；

②依据标准；

③黏度计型号及黏度计常数；

④测定样品的流动时间；

⑤试验结果；

⑥试验日期。

参考文献

[1] 国家标准局. GB/T 265—1988 石油产品运动黏度测定法和动力黏度计算法［S］. 北京：中国标准出版社，1989.

MJYPJ－14　煤焦油馏分油折射率的测定方法

折射率是物质的主要物理参数之一，结合其他性能参数可以表征纯烃及其混合物的性能。例如，通过测定馏分油的折射率（n）、密度（d）和相对分子质量（M）计算馏分油中碳分布和结构组成。

煤焦油馏分油折射率的测定方法现行国标 GB/T 6488—2008《液体化工产品 折光率的测定（20℃）》[1]、石化行业标准 SH/T 0724—2002《液体烃的折射率和折射色散测定法》[2]。但是，GB/T 6488—2008 标准方法中规定了折射率的测定温度为 20℃，不适用于煤焦油重质馏分油的测定。在参考上述标准的基础上建立了煤焦油馏分油折射率的测定方法。

本方法的主要内容如下：

1　范围

本方法规定了使用阿贝型折射仪测定煤焦油馏分油折光率的方法。

本方法适用于折射率范围在 1.4000～1.6000 的煤焦油馏分油的测定。

2　引用文件

下列文件对于本文件的应用是必不可少的，凡是注日期的引用文件，仅注日期的版本适用于本文件。凡是不注日期的引用文件，其最新版本（包括所有的修改单）适用于本文件。

GB/T 6682《分析实验室用水规格和试验方法》。

JJG 625《阿贝折射仪》。

3　术语和定义

下列术语和定义适用于本方法。

折射率　refractive index

在钠光谱 D 线、20℃或 70℃条件下，空气中的光速与被测物中光速的比值或光自空气通过被测物时的入射角的正弦与折射角正弦的比值。

4 原理

当光从折光率为 r 被测物质进入折光率为 N 的棱镜时，入射角为 i，折射角为 r，则：

$$\frac{\sin i}{\sin r}=\frac{N}{n} \tag{1}$$

在阿贝折射仪中，入射角 $i=90°$，代入公式（1）得：

$$\frac{\sin 1}{\sin r}=\frac{N}{n}$$

$$n = N \times \sin r \tag{2}$$

棱镜的折光率 N 为已知值，则通过测量折射角 r，即可求出被测物质的折光率 n。

5 意义和用途

5.1 折射率是物质的主要物理参数，结合其他性能参数可以表征煤焦油馏分油的性能。

5.2 为了得到黏性油品和重质馏分油的结构组成特征，经常需要测量其较高温度下的折射率。

6 试剂和材料

6.1 液体标准物质：有机液体标样列于表1中，其在20℃和70℃的钠D线的折射率已检定过。

表1 液体标准物质

已检定标准物	近似折射率（n_D）
正十六烷	1.41
反—十氢萘	1.44
1—甲基萘	1.59

6.2 一溴代萘：化学纯。

6.3 甲苯：化学纯。

6.4 正戊烷：化学纯。

6.5 95%乙醇：化学纯。

6.6 镜头纸。

6.7 医药棉。

6.8 滴管：1mL。

7 仪器设备

7.1 阿贝折射仪：符合JJG 625标准的规定。使用其他仪器，如自动折光仪，测量结果必需满足“10”方法精密度的要求。

7.2 恒温槽和循环泵：能保持棱镜温度恒定在测试温度±0.02℃。恒温液应在离开棱镜元件时通过温度计，而不是进入棱镜元件时通过温度计。

8 试验准备

8.1 样品准备

样品量不应少于1mL，不含悬浮固体、水或其他散光物质。对于含水样品，先用干燥剂除去样品中的水，再经过滤或离心分离除去干燥剂。应该考虑干燥剂的加入、滤纸的选择性吸附和组分蒸发而导致样品组成变化的可能性。

8.2 仪器准备

8.2.1 折光仪应精心维护并始终保持干净，沉积在仪器任何部件上的灰尘和油污都可能进入仪器活动部件，这将导致仪器的磨损和最终测定的误差。如果灰尘沉积在棱镜上，将使抛光镜面变暗，形成不清晰的线条。

8.2.2 用浸透甲苯或其他适当溶剂的医药棉在棱镜表面轻轻擦洗。彻底清洗棱镜表面，直到没有条痕。再用正戊烷溶剂重复这个过程，直到玻璃和邻接抛光金属面彻底清洗干净，最后用镜头纸擦干棱镜表面。

注： 不要用干的医药棉接触棱镜表面。

8.2.3 调节恒温浴温度，使折射仪棱镜指示温度恒定在测量温度±0.02℃。

8.2.4 仪器不能放置在受风影响的地方，以避免仪器指示发生漂移。

8.3 仪器的校正

在开始测定前，必须先用蒸馏水或用标准试样对仪器进行校正。如用标准试样，往折射棱镜的抛光面加1~2滴一溴代萘，再贴在标准试样的抛光面上，当读数视场指示于标准试样上之值时，观察望远镜内明暗分界线是否在十字线中间，若有偏差则用螺丝刀微量旋转小孔内的螺钉，带动物镜偏摆，使分界线相位移至十字线中心。通过反复地观察与校正，使示值的起始误差降至最小（包括操作者的瞄准误差）。校正完毕后，在以后的测定过程中不允许随意再动此部位。

注： 在日常的测量工作中一般不需校正仪器，如对测定的折射率示值有怀疑时，还按上述方法进行检验，如有误差应进行校正。

8.4 仪器校准

8.4.1 按“9”所述步骤在20℃、70℃温度下，测定6.1条所列的每一个液体标样D

线的折射率。如果所得数值与标准值之差大于0.0003，对这三种液体标样分别测定5次，取其平均值作为折射率校正曲线。将平均误差对应折射率作图可为所有折射率在这些点之间的观测值提供校正。

8.4.2　每一位操作者在使用仪器之前都必须用液体标准物质进行仪器校准。

9　操作步骤

9.1　按8.2.2条所述方法彻底清洗棱镜镜面。调节恒温浴温度，使折光仪棱镜温度恒定在测量温度±0.02℃范围内。

9.2　用滴管向棱镜表面滴加1~2滴的待测样品，立即闭合折射棱镜并旋紧，应使样品均匀、无气泡并充满视场，直至棱镜温度计恢复到待测温度±0.02℃。如果试样太少没有充满镜面，或因为挥发导致镜内视野不均匀，则要彻底清洗干净棱镜后再重新装样。

9.3　打开遮光板，合上反射镜，调节目镜视度，使十字线成像清晰，此时旋转手轮并在目镜视场中找到明暗分界线的位置，再旋转手轮使分界线不带任何色彩，微调手轮，使分界线位于十字线的中心，再适当转动聚光镜，此时目镜视场下方显示的示值即为被测样品的折射率。

9.4　测定结束后，按8.2.2条所述方法清晰棱镜，且需夹上两层擦镜纸才能扭紧两棱镜的闭合螺丝，以防镜面受损。

9.5　读出折光率值，取重复测定两个结果的算术平均值，作为试样的折射率，读至小数点后第四位。

9.6　折射率测定结果时应注明测定时的温度。例如：n_D^{20} = #.####。

10　方法精密度

重复性限：在重复性条件下获得的两次独立测试结果的绝对差值在95%置信概率下应不大于表2规定的数值。

表2　方法精密度

测定折射率的温度/℃	重复性限
20	0.0006
70	0.0004

11　试验报告

试验报告至少应包括以下内容：

①样品标识；

②依据标准；

③试验结果；

④与标准的任何偏离；

⑤试验中出现的异常现象；

⑥试验日期。

参 考 文 献

[1] 中华人民共和国国家质量监督检验检疫总局 中国国家标准化管理委员会 . GB/T 6488—2008 液体化工产品 折光率的测定（20℃）[S]. 北京：中国标准出版社，2008.

[2] 国家经济贸易委员会 . SH/T 0724—2002 液体烃的折射率和折射色散测定法 [S]. 北京：中国石化出版社，2003.

MJYPJ-15　煤焦油及馏分油闪点的测定方法

闪点是在规定的条件下，可燃性液体蒸汽与周围空气的混合气在遇到明火时，发生瞬间着火的最低温度。在闪点温度下，只是油蒸气与空气的混合气燃烧，而液体油品不燃烧。因为在闪点温度下，油品蒸发较慢，混合气很快烧完后，来不及再立即蒸发出足够的油气使其继续燃烧，点火只能一闪就灭，闪火现象的实质就是爆炸。因此，闪点是煤焦油运输、储存及使用中的一个重要的安全指标，同时也是可燃性液体的挥发性指标。闪点低，挥发性高，容易着火，油品的安全性就差。在煤焦油评价中，闪点是主要的评价指标之一。

闪点测定的方法有两种：即闭口杯闪点法和开口杯闪点法。闭口杯法均适用于轻质油品和重质油品，而开口杯法只适用于重质油品。闭口杯法现行国标和石化行业标准分别为GB/T 261—2008《闪点的测定——宾斯基-马丁闭口杯法》[1]和SH/T 0733—2004《闪点测定法——泰克闭口杯法》，开口杯法现行国标为GB/T 3536—2008《石油产品闪点和燃点的测定 克得夫兰开口杯法》。

煤焦油含有轻质组分，初馏点较低，适合采用闭口杯法。因此，煤焦油及馏分油闪点的测定方法选用宾斯基-马丁闭口杯法，与国标的主要区别是控制样品中的水分，明确规定试验前必须进行脱水，保证样品中水分低于0.1%，才能进行闪点试验。

本方法的主要内容如下：

1　范围

本方法规定了用宾斯基-马丁闭口杯闪点试验仪测定煤焦油及馏分油闪点的方法。

本方法适用于煤焦油及馏分油闪点（闭口）的测定。

2　引用文件

下列文件对于本文件的应用是必不可少的，凡是注日期的引用文件，仅注日期的版本适用于本文件。凡是不注日期的引用文件，其最新版本（包括所有的修改单）适用于本文件。

GB/T 514《石油产品试验用玻璃液体温度计技术条件》。

3　方法提要

将适量样品倒入试验杯中，以规定的搅拌速率连续进行搅拌，同时以恒定的速率加热样品。在中断搅拌的情况下，按规定的温度间隔，在试验杯开口处引入火源，样品蒸气瞬间发生闪火且蔓延至液体表面的最低温度即为样品在环境大气压下的闪点，然后再用公式修正到标准大气压下的闪点。

4　试剂和材料

4.1　清洗溶剂：清洗试验杯及搅拌上的试样，推荐使用四氢呋喃。

4.2　校准标准物质：推荐使用有证标准物质，如表1所示。

表1　校准物质闭口闪点参考值

序号	效准物质名称	校准闪点/℃
1	癸烷	53
2	十二烷	84
3	十六烷	134

5　仪器设备

5.1　宾斯基-马丁闭口杯闪点试验仪。

5.2　温度计：选用GB/T 514中规定编号为GB-1和GB-2的温度计。

5.3　鼓风干燥箱：控温范围　室温~200℃；控温精度±1℃。

5.4　气压计：精度0.1kPa。

6　仪器校准

根据样品预期的闪点，选择表1中合适的标准物质进行仪器校准。校准过程按本方法中“8”的规定进行，测量值和标准闪点参考值之差应符合本方法的重复性限。

7　样品处理

7.1　含水样品：闪点试验前，应先测量样品中的水分，若水分大于0.1%，需采用物理方法脱除水分，水分降至0.1%以下，方可进行闪点试验。因为水的存在会影响闪点的

测定结果。

7.2　室温下为凝固态的样品：将样品容器放入低温烘箱中，烘箱温度应控制在低于样品预期闪点28℃以下，在尽可能短的时间内，将样品全部融化，避免温度过高造成低挥发性组分的损失。

8　操作步骤

8.1　将混合均匀的样品倒入清洁、干燥的试验杯内，上液面至加料线，盖上试验杯盖，然后将试验杯放入加热槽内，确认试验杯位置和锁定装置正确，插入预先选择的合适的温度计。打开搅拌器，控制搅拌速率为90～120r/min，并以5～6℃/min的升温速率加热样品。

8.2　当试样的预期闪点不高于110℃时，从预期闪点以下（23±5)℃开始点火，温度每升高1℃点火一次，点火时停止搅拌。

8.3　当试样的预期闪点高于110℃时，从预期闪点以下（23±5)℃开始点火，温度每升高2℃点火一次，点火时停止搅拌。

8.4　当测定未知试样的闪点时，选择适宜的起始温度开始试验，高于起始温度5℃时进行第一次点火，然后按8.2或8.3步骤进行操作。

8.5　火源引起试验杯内产生明显着火的温度即为观察闪点。观察闪点与最初点火温度之差应控制在18～28℃之内，否则应更换新试样重新进行试验。

8.6　观察气压计，记录试验时环境大气压。

9　结果计算

9.1　大气压读数的换算

大气压读数的转换按以下方法进行换算：

$$1\text{hPa} \times 0.1 = 1\text{kPa}$$

$$1\text{mbar} \times 0.1 = 1\text{kPa}$$

$$1\text{mmHg} \times 0.1333 = 1\text{kPa}$$

9.2　闪点的计算

用式（1）计算标准大气压下试验样品的闪点：

$$T_c = T_0 + 0.25 \times (101.3 - p) \tag{1}$$

式中　T_c——标准大气压下的闪点，℃

T_0——观察闪点，℃；

p——试验时环境大气压，kPa。

注：本公式仅限大气压在98.0～104.7kPa范围内使用。

9.3 试样的闪点必须修正到标准大气压下，取两次测定结果的算术平均值，结果修约至整数位。

10 方法精密度

重复性限：在重复性条件下获得的两次独立测试结果的绝对差值在95%置信概率下应不大于表2规定的数值。

表2 试验方法精密度

闪点范围/℃	重复性限/℃
40~110	2.0
110~210	4.0

11 试验报告

试验报告至少应包括以下内容：

①样品标识；

②依据标准；

③试验结果；

④与标准的任何偏离；

⑤试验中出现的异常现象；

⑥试验日期。

参 考 文 献

[1] 国家标准化管理委员会. GB/T 261—2008 闪点的测定——宾斯基-马丁闭口杯法 [S]. 北京：中国标准出版社，2008.

MJYPJ－16　煤焦油及馏分油凝点的测定方法

凝点是在规定条件下冷却到液面不流动时的最高温度。油品的凝固和纯化合物的凝固有很大的不同，油品没有明确的凝固温度，所谓“凝固”只是从整体看液面失去了流动性。凝点的高低与油品的化学组成有关，在石油化工行业，一般馏分轻则凝点低，馏分重或者含蜡高则凝点就高。传统的煤焦油加工行业以提取化学品为主，因此通常不考察煤焦油的凝点，但是随着煤焦油利用途径的多元化，尤其是以煤焦油为原料生产燃料油的技术，凝点成为重要的参数之一。因此，参考 GB/T 510—1983《石油产品凝点测定法》[1]，建立了煤焦油及其馏分油凝点的测定方法。本方法主要根据煤焦油的性质和状态特点，在原料的准备工作和测试过程的注意事项方面做了修改。

本方法的主要内容如下：

1　范围

本方法规定了煤焦油及馏分油凝点的测定方法。

本方法适用于煤焦油及煤焦油馏分油凝点的测定。

2　引用文件

下列文件对于本文件的应用是必不可少的，凡是注日期的引用文件，仅注日期的版本适用于本文件。凡是不注日期的引用文件，其最新版本（包括所有的修改单）适用于本文件。

GB/T 514《石油产品试验用玻璃液体温度计技术条件》。

3　方法提要

将试样装在规定的试管中，当冷却到预期的温度时，将试管倾斜 45°经过 1min，观察液面是否移动。

4　术语和定义

下列术语和定义适用于本方法。

凝点（condensation point）

在试验条件下冷却到液面不移动时的最高温度，称为凝点。

5 试剂和材料

5.1 无水乙醇：化学纯。

5.2 冷却剂：工业乙醇。

6 仪器设备

6.1 凝点测定仪：凝点测定仪包括制冷系统和温度控制系统。

6.2 圆底试管：高度（160±10）mm，内径（20±1）mm，在距试管底30mm的外壁处有一环形标线。

6.3 圆底的玻璃套管：高度（130±10）mm，内径（40±2）mm。

6.4 水银温度计：符合GB 514的规定，供测定凝点高于－35℃的煤焦油及馏分油使用。

6.5 液体温度计：符合GB 514的规定，供测定凝点低于－35℃的煤焦油及馏分油使用。

6.6 恒温浴：能保持水浴温度控制在所需温度的±1℃以内。

7 准备工作

7.1 往凝点测定仪的冷却槽中加入适量的工业乙醇。每次试验前均需检查冷却液位。

7.2 无水的试样直接按本方法7.3开始试验。含水的试样，试验前需要脱水处理，然后按7.3开始试验。

煤焦油是黏稠的试样，若需要对含水样品进行脱水时，可采用蒸馏法进行脱水。

7.3 在干燥、清洁的试管中注入试样，使液面满到环形标线处。用软木塞将温度计固定在试管中央，使水银球距管底8～10mm。

7.4 装有试样和温度计的试管，垂直地浸入（50±1)℃水浴中，直至试样的温度达到（50±1)℃为止。

8 操作步骤

8.1 从水浴中取出装有试样和温度计的试管，擦干外壁，用软木塞将试管牢固地装在套管中，试管外壁与套管内壁要处处距离相等。

装好的仪器要垂直地固定在支架的夹子上，并放在室温中静置，直至试管中的试样冷却到（35±5）℃为止。然后将这套仪器浸在凝点测定仪的冷却槽内。冷却剂的温度要比试样的预期凝点低7～8℃。试管（外套管）浸入冷却剂的深度应不少于70mm。

冷却试样时，冷却剂的温度必须准确至±1℃，当试样的温度冷却到预期的凝点时，将浸入到冷却剂的仪器倾斜到45°，并将这样的倾斜状态保持1min，但仪器的试样部分仍要浸在冷却剂内。

此后，从冷却剂中小心取出仪器，迅速地用工业乙醇擦拭套管外壁，垂直放置仪器并透过套管观察试管里的液面是否有移动过的迹象。

注：测定低于0℃的凝点时，试验前应在套管的底部注入无水乙醇1～2mL。

8.2　当液面位置有移动时，从套管中取出试管，并将试管重新预热至试样达（50±1）℃，然后用比上次试验温度低4℃或其他更低的温度重新进行测定，直至某试验温度能使液面位置停止移动为止。

注：试验温度低于-20℃时，重新测定前应将装有试样和温度计的试管放在室温中，待试样温度升至-20℃，才能将试管浸在水浴中加热。

8.3　当液面的位置没有移动时，从套管中取出试管，并将试管重新预热至试样达（50±1）℃，然后用比上次试验温度高4℃或其他更高的温度重新进行测定，直至某试验温度能使液面位置有了移动为止。

8.4　找出凝点的温度范围（液面位置从移动到不移动或从不移动到移动的范围）之后，就采用比移动的温度低2℃，或采用比不移动的温度高2℃，重新进行试验，如此重复试验，直至确定某试验温度能使试验的液面停留不动而提高2℃又能使液面移动时，就取使液面不动的温度，作为试样的凝点。

8.5　试样的凝点必须进行重复测定。第二次测定时的开始试验温度，要比第一次所测出的凝点高2℃。

8.6　取重复测定两个结果的算术平均值，作为试样的凝点。

注：如果需要检查试样的凝点是否符合技术标准，应采用比技术标准所规定的凝点高1℃来进行试验，此时液面的位置如能够移动，就认为凝点合格。

9　方法精密度

重复性限：在重复性条件下获得的两次独立测试结果的绝对差值在95%置信概率下应不大于2℃。

10　试验报告

试验报告至少应包括以下内容：

①样品标识；

②依据标准；

③试验结果；

④与标准的任何偏离；

⑤试验中出现的异常现象；

⑥试验日期。

参 考 文 献

［1］中国国家标准 . GB/T 510—1983 石油产品凝点测定法［S］. 北京：中国标准出版社，2004.

MJYPJ-17　煤焦油及馏分油酸值的测定方法

酸值是判断煤焦油及馏分油性质的一项重要指标，根据酸值（酸度）的大小，可以判断油品中所含酸性物质的含量。煤焦油及馏分油中的酸性物质主要是指有机酸、无机酸及其他酸性物质的总和。大部分有机酸是酚类化合物，还包括少量的其他酸性物质。了解油品中酸性物质的含量及分布有利于更好的控制产品质量，防止设备的腐蚀和安全事故的发生。

酸值测定方法主要是酸碱滴定法，对于深色油品采用电位滴定法进行测定。煤焦油及馏分油酸值的测定参考了现行国标 GB/T 18609—2011《原油酸值的测定——电位滴定法》[1]和 GB/T 7304—2014《石油产品酸值的测定——电位滴定法》[2]。本方法与参考标准不同之处是方法中规定参比电极为甘汞电极，电极中内管充满饱和氯化钾-水溶液，外管充满饱和氯化钾-异丙醇溶液，且本方法中增加了电位滴定仪的校准。

本方法的主要内容如下：

1　范围

本方法规定了电位滴定法测定煤焦油及馏分油酸值的测定方法。

本方法适用于能够溶解在甲苯和异丙醇混合溶剂中的煤焦油及其馏分油。

2　引用文件

下列文件对于本文件的应用是必不可少的。凡是注日期的引用文件，仅注日期的版本适用于本文件。凡是不注日期的引用文件，其最新版本（包括所有的修改单）适用于本文件。

GB/T 6682《分析实验室用水规格和试验方法》。

3　术语和定义

下列术语和定义适用于本文件：

酸值 acid number

在指定溶剂中将试样滴定到指定终点时所使用碱的量，以 KOH 计，单位为 mg/g。

注： 碱的用量是以每克样品所消耗的氢氧化钾的毫克数表示。滴定溶解在溶剂中的样品时，从仪器的初始电位开始滴定，以明显突跃点时的电位值或相应的新配制的标准碱性缓冲溶液的电位值作为滴定终点。

4 方法提要

将试样溶解在滴定溶剂中，以氢氧化钾－异丙醇标准溶液为滴定剂进行电位滴定，采用的电极对为玻璃指示电极与参比电极。绘制电位 mV 值对应滴定体积的电位滴定曲线，并将明显的突跃点作为滴定终点。如果没有明显突跃点则以新配制的标准碱性缓冲溶液的电位值作为滴定终点。

5 试剂和材料

5.1 甲苯：分析纯。

5.2 氯化钾：分析纯。

5.3 氢氧化钾：分析纯。

5.4 邻苯二甲酸氢钾：基准试剂。

5.5 氢氧化钡：基准试剂。

5.6 pH 标准缓冲溶液：pH 4.01、pH 6.86、pH 9.18、pH 11。

5.7 蒸馏水：符合 GB/T 6682 中三级水规定。

5.8 异丙醇：分析纯。

5.9 烧杯：125mL。

5.10 量筒：50mL，100mL，250mL，1000mL。

5.11 容量瓶：250mL。

6 仪器设备

6.1 指示电极：pH 玻璃电极。

6.2 参比电极：饱和甘汞电极，内管充满饱和氯化钾－水溶液，外管充满饱和氯化钾－异丙醇溶液。

6.3 自动电位滴定仪

6.3.1 能根据曲线斜率的变化自动调整滴定速度，在滴定过程中，能控制滴定速度低于 0.2mL/min；而在电位突跃点附近或接近滴定终点时的滴定速度最好为 0.02mL/min。

6.3.2 马达驱动滴定管：能等量滴加，精度为 0.01mL。

6.3.3 在滴定过程中，能连续记录所滴加标准溶液的体积和相应的电位值。

6.3.4　可调速的磁力搅拌器。

6.3.5　滴定系统采用抗高氯酸腐蚀的材料。

6.4　可采用能满足实验需求的手动滴定设备。

6.5　分析天平：分度值0.1 mg。

7　试验准备

7.1　溶液及溶剂的配制

7.1.1　滴定溶剂：量取500mL甲苯和5mL水加入到495mL的异丙醇中。此滴定溶剂用量较大，需大量配制。每天在使用之前都要对其空白值进行滴定。

7.1.2　氢氧化钾-异丙醇标准溶液（0.1mol/L）：称取6g氢氧化钾加入到1L异丙醇中，煮沸后加入适量氢氧化钡，微沸10min。煮后的溶液静置两天，将上层清液吸出，置于耐化学腐蚀的试剂瓶中。为了避免空气中二氧化碳的干扰，可装碱石棉或碱石灰干燥管。

7.1.3　标准缓冲溶液（pH=4.01）：称取于（115.0±5.0）℃下干燥2~3h的邻苯二甲酸氢钾基准试剂10.12g，溶于无CO_2的蒸馏水中，于25℃下稀释至1000mL，摇匀备用。

7.1.4　标准缓冲溶液（pH=6.86）：称取于（115.0±5.0）℃下干燥2~3h的磷酸二氢钾基准试剂3.387g和磷酸氢二钠3.533g，溶于无CO_2的蒸馏水中，于25℃下稀释至1000mL，摇匀备用。

7.1.5　标准缓冲溶液（pH=9.18）：称取（115.0±5.0）℃下干燥2~3h的四硼酸钠基准试剂3.8g，溶于无CO_2的蒸馏水中，于25℃下稀释至1000mL，摇匀备用。

7.1.6　标准缓冲溶液（pH=11）：称取碳酸氢钠基准试剂2.10g，加0.1mol/L氢氧化钠溶液227mL，溶于无CO_2的蒸馏水，于25℃下稀释至1000mL，摇匀备用。

7.2　电极的准备

7.2.1　电极的准备

玻璃电极在使用前后要用水漂洗，使用前建议在去离子水中浸泡2h左右，以使电极处于最佳工作状态。

参比电极在第一次使用时，旋开第一节和第二节盐桥，除去第一节盐桥加液孔处的封口胶带，取下橡皮套。小心、彻底地擦拭第一节和第二节盐桥外表面。第一节盐桥中加入饱和氯化钾水溶液，并在饱和氯化钾水溶液中浸泡2h以上，检查第一节盐桥前端处有无气泡，如果有气泡应通过轻甩电极的方法去除气泡。第二节盐桥中加入饱和氯化钾异丙醇溶液至2/3盐桥管高度。将第一节盐桥装入第二节盐桥中，轻轻旋紧，使第一节盐桥充分与第二节盐桥的填充液接触。

7.2.2　电极的维护和保养

玻璃电极每隔一段时间（在连续使用时，至少每周一次）插入无铬强氧化清洗液中进行清洗。参比电极中的氯化钾电解液至少每周换充一次，每次电解液需加到入口处，并确保氯化钾电解液中始终有氯化钾固体结晶析出。在滴定过程中要始终保持参比电极中电解液的液面高于滴定杯中的液面。非试验时把玻璃电极的下半部浸泡在蒸馏水中，参比电极浸泡在氯化钾异丙醇电解液中，在两次滴定之间，若试验相隔时间较长，绝不允许把两个电极仍插在滴定溶剂中。

7.2.3　电极的检测

先用溶剂冲洗电极对，再用水进行冲洗，然后将电极对插入 pH 值为 4.01 的标准缓冲溶液中，搅拌 1min 后读取稳定的电位值（mV）。取出电极对用水冲洗，再将电极对插入 pH 值为 6.86 的标准缓冲溶液中，搅拌 1min 后读取稳定的电位值（mV），计算两次测定的电位值（mV）之差。一个好的电极系统最少应有 162mV 的电位差（25℃）。若达不到，应清洗或更换电极。

7.3　自动电位滴定仪的校准

采用 pH 为 4.01 和 pH 为 9.18 的标准缓冲溶液，按照仪器的说明对电位进行校准。

注：电极污染可能会引起不稳定、无规律和不易观察的电位。这一点对于在滴定曲线上选择拐点作为滴定终点的滴定过程来说不是非常重要，但对于选择固定电位作为滴定终点的滴定过程来说都是非常重要。

7.4　氢氧化钾－异丙醇标准溶液的标定

准确称取适量邻苯二甲酸氢钾，充分溶解在 100mL 无 CO_2 的去离子水中，对 7.1.2 已配好的氢氧化钾－异丙醇标准溶液进行标定，得到其准确浓度。

注：一般间隔一个月标定一次，以确保标定误差不大于 0.0005mol/L。

8　操作步骤

8.1　空白实验

取 100mL 滴定溶剂，用 7.1.2 的氢氧化钾－异丙醇标准溶液进行空白滴定实验。在仪器起始状态下选择“空白滴定”模式，并根据仪器提示步骤，选择“mV 滴定”，滴定剂预加体积设置为 0.02mL/min，设置完成后，仪器自动进入空白滴定程序，记录空白滴定的终点体积及电位值。

8.2　样品测定

8.2.1　在烧杯中，按表 1 的规定称取试样，加入 100mL 滴定溶剂，按 7.2 方法备好电极，将烧杯放在滴定台上，放入搅拌转子，插入参比电极、玻璃电极和滴液管。开始搅拌，搅拌速度以不引起溶液飞溅和产生气泡的情况下尽可能地大。

表1 试样的预测酸值与称样量的关系

预测酸值/（mgKOH/g）	试样量/g	称量精度/g
0.05～1.0	20.0±2.0	0.1
1.0～5.0	5.0±0.5	0.02
5.0～20	1.0±0.1	0.005
20～100	0.25±0.02	0.001
100～260	0.1±0.01	0.0005

8.2.2 用7.1.2的氢氧化钾－异丙醇标准溶液进行滴定，在滴定过程中控制溶液的速度滴加小于0.2mL/min，当滴定接近等当点附近时，滴加速度控制在0.02mL/min。仪器自动进行电位滴定曲线和微分曲线的绘制，并自动判断终点。

8.2.3 当滴定曲线上没有明显的凸跃点，则以新配制的标准碱性缓冲溶液的电位值作为滴定终点。

8.3 滴定结束移开试样，将电极和滴定管尖端插入滴定溶剂中清洗，然后分别用异丙醇和蒸馏水进行彻底清洗。

8.4 在进行下一个试样的电位滴定时，把电极在去离子水中浸泡至少5min，以恢复玻璃电极液状凝胶膜。

8.5 试验结束后，玻璃电极应浸泡在去离子水中，参比电极浸泡于相应的溶液中。当发现电极被污染则按7.2规定进行处理。

8.6 当试样不能完全溶解于上述滴定溶剂时，可以采用在滴定溶剂中加入部分适宜的溶剂来增大样品的溶解度，同时需要测定相应滴定溶剂的空白值。

9 结果计算

样品中的酸值（AN）按照式（1）计算：

$$AN = \frac{(V - V_0) \times C \times 56.1}{m} \quad (1)$$

式中 V——样品滴定时消耗的氢氧化钾－异丙醇标准溶液的体积，mL；

V_0——空白滴定时消耗的氢氧化钾－异丙醇溶液的体积，mL；

C——氢氧化钾－异丙醇标准溶液的浓度，mol/L；

m——试样的质量，g；

56.1——氢氧化钾的摩尔质量，g/mol。

10 方法精密度

重复性限：在重复性条件下获得的两次独立测试结果的绝对差值在95%置信概率下应

不大于6%。

11 试验报告

试验结果报告至少包括以下信息：

①样品标识；

②依据方法；

③试验结果；

④与方法的任何偏离；

⑤试验中出现的异常现象；

⑥试验日期。

参 考 文 献

［1］中华人民共和国国家质量监督检验检疫总局 中国国家标准化管理委员会 . GB/T 18609—2011 原油酸值的测定——电位滴定法［S］. 北京：中国标准出版社，2012.

［2］中华人民共和国国家质量监督检验检疫总局 中国国家标准化管理委员会 . GB/T 7304—2014 石油产品酸值的测定——电位滴定法［S］. 北京：中国标准出版社，2014.

MJYPJ-18　煤焦油及馏分油酸性组分的测定方法

煤焦油中含有较多的酸性组分，主要是含氧化合物，包括有机酸、无机酸及其他酸性物质，大部分有机酸是酚类化合物。中低温煤焦油中的酸性组分含量较高。酸性组分在煤焦油深加工的过程中，对工艺、设备都会造成影响。因此，分析煤焦油中酸性化合物的含量是煤焦油评价中的一个主要评价指标，可为煤焦油加工工艺的开发、制定产品方案、防止设备腐蚀、控制产品质量提供基础数据。

酸性组分分析采用酸碱萃取法，即碱洗酸提法。

本方法的主要内容如下：

1　范围

本方法规定了煤焦油馏分油中酸性组分的测定方法和煤焦油酸性组分的计算方法。

本方法适用于煤焦油馏分油中酸性组分的测定。

2　方法提要

煤焦油中的酸性组分主要是酚类化合物，酸性组分与氢氧化钠反应生成酚钠盐溶于水中，根据比重的不同，将水相与中碱性组分分开，再用硫酸将酚钠盐还原为酸性物质，并与水相分离，得到酸性组分。通过计算得到煤焦油馏分油中酸性组分的质量分数。根据煤焦油馏分油的质量收率，计算得到煤焦油中酸性组分的质量分数。

3　试剂和材料

3.1　氢氧化钠：分析纯。

3.2　10%的氢氧化钠溶液（质量分数）：取分析纯氢氧化钠10g，溶于90g蒸馏水中。

3.3　浓硫酸：分析纯。

3.4　10mol/L的硫酸溶液：量取280mL浓硫酸，缓缓注入200mL蒸馏水中，稀释至500mL。

3.5　pH广泛试纸：市售。

3.6　分液漏斗：锥形，250mL。

3.7　带盖轻体瓶：100mL。

3.8　量筒：25mL、100mL。

4　仪器设备

分析天平：分度值0.1 mg。

5　操作步骤

5.1　用1号带盖轻体瓶称取约50g样品（m），精确至0.0002g。将样品加入到250mL的1号分液漏斗中。

5.2　用量筒量取25mL10%的氢氧化钠溶液，加入到1号分液漏斗中，振摇5min，振摇过程中应随时放气，防止液体喷出。静置，当水相与油相界面清晰时，放出下面的水层至2号分液漏斗中，上层为中碱性组分。

5.3　重复5.2的操作至少2次，直至水相基本无色为止。

5.4　缓慢向2号分液漏斗中滴加10mol/L的硫酸溶液，边加边摇动，直至水相的pH值达到1为止。

5.5　静置，当酸性组分与水相界面清晰时，放出下面的水相，分离上层的酸性组分至2号带盖轻体瓶中，称量，酸性组分质量记为m_1。

5.6　将1号分液漏斗中的中碱性组分放至3号带盖轻体瓶中，称量（m_2）。

5.7　计算试验的物料平衡，若物料平衡低于98%时，需重新进行试验。

5.8　同时做平行试验，两次测量结果的算术平均值应在本方法规定的重复性限内。

6　结果计算

6.1　煤焦油馏分油中酸性组分的质量分数按式（1）计算：

$$w_1 = \frac{m_1}{m} \times 100\% \tag{1}$$

式中　w_1——煤焦油馏分油酸性组分的质量分数，%；

m_1——酸性组分的质量，g；

m——样品质量，g。

6.2　煤焦油馏分油中碱性组分的质量分数按式（2）计算：

$$w_2 = \frac{m_2}{m} \times 100\% \tag{2}$$

式中　w_2——煤焦油馏分油中碱性组分的质量分数，%；

m_2——中碱性组分的质量，g；

m——样品质量，g。

6.3 物料平衡 Φ 按式（3）计算：

$$\Phi = \frac{m_1 + m_2}{m} \times 100\% \tag{3}$$

6.4 煤焦油酸性组分质量分数（ω）按式（4）计算：

$$\omega = w_1 \times \omega_1 \times 100\% \tag{4}$$

式中 ω——煤焦油酸性组分质量分数,%；

ω_1——煤焦油馏分油的质量收率,%。

6.5 煤焦油及馏分油酸性组分的质量分数，结果修约至小数点后两位。

7 方法精密度

重复性限：在重复性条件下获得的两次独立测试结果的绝对差值在95%置信概率下应不大于1%。

8 试验报告

试验报告至少应包括以下信息：

①样品标识；

②依据标准；

③试验结果；

④与标准的任何偏离；

⑤试验中出现的异常现象；

⑥试验日期；

⑦注明加热介质的种类。

MJYPJ－19 煤焦油及馏分油总氯的测定方法

煤焦油及馏分油的总氯包括有机氯和无机氯，以无机氯为主。煤焦油及馏分油中氯的存在，会对煤焦油加工和储运过程中的设备产生腐蚀；在煤焦油及馏分油深加工过程中，氯的存在会造成催化剂中毒；氯含量也是煤焦油产品重要的质量指标。因此，煤焦油及馏分油中总氯含量是煤焦油评价的关键指标之一。

目前测定总氯含量的方法是先将试样中的氯化物转化为无机氯化物，再用化学法或者电量法进行无机氯化物的定量测定。电量法对于微量的氯离子有很好的响应，本方法选用电量法测定煤焦油及馏分油总氯的含量。在参考《原油评价标准试验方法》中 YYPJ—16《电量法测定原油中总氯含量》[1]、现行国标 GB/T 18612—2011《原油有机氯含量的测定》[2] 和石油行业标准 SY/T 0536—2008《原油盐含量的测定——电量法》[3] 的基础上，建立了利用电量法测定煤焦油及馏分油总氯的方法。

本方法的主要内容如下：

1 范围

本方法规定了煤焦油及馏分油总氯的测定方法。

本方法测定的煤焦油及馏分油总氯范围为：1～10000mg/kg。

2 方法提要

试样注入高温裂解管内，在800℃左右与氧气混合燃烧。氯化物转化为氯离子，再由载气（N_2）带入滴定池与银离子发生如下反应：

$$Ag^{+} + Cl^{-} \longrightarrow AgCl\downarrow$$

反应使银离子浓度降低，参考测量电极指示出这一变化，并将此信号输送到微库仑放大器，微库仑放大器将这一变化放大并加在电解电极上，电解阳极会电解出 Ag^{+}，直至电解液中 Ag^{+} 回到初始平衡浓度。计算在此电解过程中消耗的电量，根据法拉第电解定律，求出样品中总氯的含量。

3 试剂和材料

3.1 氧气：99.99%。

3.2 氮气：99.99%。

3.3 冰醋酸：分析纯。

3.4 六氯代苯：分析纯。

3.5 乙酸银：分析纯。

3.6 微量注射器：10μL。

3.7 容量瓶：100mL。

3.8 棕色细口瓶：100mL。

3.9 玻璃注射器：10mL、100mL。

3.10 蒸馏水。

3.11 丙酮：分析纯。

3.12 氯化钠：优级纯。

3.13 线性氧化铜：分析纯。

4 仪器设备

4.1 微库仑总氯测定仪

微库仑总氯测定仪包括进样器、裂解炉、裂解管、滴定池、微库仑放大器、温度控制器、流量控制器、电磁搅拌器、积分仪和记录仪等。

4.1.1 裂解炉：最高加热温度至1000℃左右。要有恒温区，配有温度控制器。

4.1.2 滴定池：内有指示电极对和电解电极对。

（1）测量电极：银电极。

（2）参比电极：银-醋酸银电极。

（3）电解阳极：银电极。

（4）电解阴极：铂电极。

4.1.3 微库仑放大器：具有连续可调增益和偏压控制，能够测量指示电极对的电位差，并将该电位差与偏压电位进行比较，将放大的比较值，施加到电解电极对上进行滴定。

4.2 天平：分度值0.1mg。

5 试验准备

5.1 溶液的配制

5.1.1 氯标准溶液：精确称取适量的六氯代苯（称准至0.0002g）于100mL容量瓶中，用不含氯的白油溶解并稀释至刻度，需配制一系列的氯标准溶液，氯含量按式（1）计算：

$$Cl(mg/kg) = \frac{m_1 \times C}{m_1 + m_2} \times 10^6 \quad (1)$$

式中 m_1 ——有机氯标样质量，mg；

m_2 ——稀释剂质量，mg；

C——六氯代苯的氯含量,%。

可先配制含氯1mg/g左右的标准样，然后再稀释到与分析试样接近的浓度。浓度低于10mg/kg的标准样需在使用前配制。

5.1.2　电解液：冰醋酸与蒸馏水以7∶3体积比混合，储存于棕色细口瓶中备用。

5.2　滴定池：电解池洗净后，从主室和侧壁加入适量电解液，并插入指示电极对和电解电极对。

5.3　电极活化

5.3.1　指示电极：先将电极抛光，再用水、丙酮清洗，之后放入10%的氯化钠电镀池中，在10mA电流下电镀6min，镀好的电极，注意避光保存。

5.3.2　参比电极：可按5.3.1处理和电镀，电极只抛光不电镀，也基本满足要求。

5.3.3　电解阳极：可按5.3.1处理和电镀，电极只抛光不电镀，也基本满足要求。

5.4　氧化铜的装填：从石英管的入口装入线状氧化铜，前端用石英棉堵住。

5.5　仪器准备

5.5.1　检查裂解炉、库仑计和电源相互之间连接是否正常。

5.5.2　打开裂解炉电源，控制各段炉温至给定值：

入口段：800~900℃；

中心段：800~850℃；

出口段：700~750℃。

5.5.3　接通氮气、氧气，并调节气体流量旋钮使氮气流速控制在80~90mL/min，氧气流速控制在160~180mL/min。

5.5.4　初始平衡偏压应高于250mV，否则应继续用新鲜电解液冲洗滴定池。然后进入工作状态，待基线稳定后进行试验。

6　仪器校准

6.1　每次样品测定前需用与待测样品氯含量相近的标准样品进行校准。

6.2　取适量的标准溶液注入进样器，由进样器送入石英管的气化段进行裂解，试样中的氯化物转化为氯离子，并随气流一起进入滴定池，进行测定。

6.3　调节偏压及增益，得到满意的对称峰及回收率。

6.4　每个标准溶液应至少重复测定3次，按式（2）计算回收率f(%)：

$$f = \frac{X_1}{X_0} \times 100\% \tag{2}$$

式中　X_1 ——标样氯含量测量值，mg/kg；

X_0 ——标样氯含量理论值，mg/kg。

当测定的标样回收率在（100±10)%范围内时，则可认为仪器处于正常工作状态。

7 操作步骤

7.1 用待测样品清洗注射器3~5次，用样品代替标样，按6.2的规定进行试验，记录样品体积、积分仪读数和积分范围电阻。

7.2 试验过程中要及时地往电解池中添加电解液，使其液面维持在电极上部5~8mm处，每隔3~4h从参考侧臂放出几滴电解液，使滴定池操作平稳。

7.3 分析完毕，断开滴定池与裂解管的连接，用新鲜电解液冲洗滴定池。关闭电子部件开关和气源。

8 结果计算

样品中氯含量按式（3）计算：

$$Cl(mg/kg) = \frac{0.368 \times A \times 100}{R \times m \times f} \tag{3}$$

式中 0.368——氯的电化当量，ng/μC；

A——积分仪读数；

100——积分仪每个读数代表100μV·s；

R——积分范围电阻，Ωμ；

m——样品质量，mg；

f——标准溶液中氯的回收率,%。

9 方法精密度

重复性限：在重复性条件下获得的两次独立测试结果的绝对差值在95%置信概率下应不大于表1规定的数值。

表1 方法精密度

总氯含量/（mg/kg）	重复性限/%
<100	10
100~10000	5

参 考 文 献

[1] 田松柏．原油评价标准试验方法［M］．北京：中国石化出版社，2010：167~169.

[2] 中华人民共和国国家质量监督检验检疫总局 中国国家标准化管理委员会．GB/T 18612—2011 原油有机氯含量的测定［S］．北京：中国标准出版社，2012.

[3] 中华人民共和国国家发展和改革委员会．SY/T 0536—2008 原油盐含量的测定——电量法［S］．北京：石油工业出版社，2008.

MJYPJ-20 煤焦油盐含量的测定方法

煤焦油中含有种类繁杂的盐类物质，这些盐类物质存在的形式一般有两类：①水溶性的碱金属或碱土金属无机盐类，主要为NaCl、$MgCl_2$、$CaCl_2$等，煤焦油中的盐大部分属于此类。这类盐除极少数以悬浮结晶态或以较大颗粒的无机矿物杂质存在于煤焦油中外，大部分溶解在水中，且以乳化液的形式存在于煤焦油中；②油溶性的金属化合物或有机盐类，这些盐类以溶解状态存在于煤焦油中。盐类物质对工艺设备及管道带来了严重的腐蚀，煤焦油加工过程中盐的腐蚀成为制约煤焦油加工工艺的重要因素之一。因此，测定煤焦油中的盐含量具有非常重要的意义。

盐含量的测定方法主要有容量法和电量法（微库仑法）。容量法不适合于深色油品盐含量的测定，煤焦油盐含量的测定方法选用电量法。本方法参考了现行石油行业标准SY/T 0536—2008《原油盐含量的测定——电量法》[1]。针对煤焦油的特点，在样品准备方面做了修改；为便于实际操作，增加了滴定终点的调节方法。

本方法的主要内容如下：

1 范围

本方法规定了电量法测定煤焦油中盐含量的方法。

本方法适用于煤焦油中盐含量的测定。盐含量（以NaCl计）测定范围：2~10000mg/L。

2 术语和定义

下列术语和定义适用于本文件。

煤焦油盐含量 salt content in coal tar oil

煤焦油中可溶于水的氯盐含量，包括NaCl、$MgCl_2$、$CaCl_2$等，其含量全部折合成NaCl的量计算，单位为mgNaCl/L。

3 方法概述

煤焦油与溶剂混合加热，使用醇水溶液将煤焦油中所包含的无机盐抽提到水相，离心分离后，用注射器抽取适量的抽提液，注入盐含量测定仪的电解池中，抽提液中的氯离子

即与银离子发生反应：

$$Ag^+ + Cl^- \longrightarrow AgCl\downarrow$$

这一反应使电解池中的 Ag^+ 浓度发生变化，参考测量电极指示出这一变化，放大器将这一变化放大并加在电解电极上，电解阳极会电解出 Ag^+ 来补充被样品滴定掉的 Ag^+，直至电解液中的 Ag^+ 的浓度回到原来的水平。计算在此电解过程中消耗的电量，即可根据法拉第定律求出样品中的盐含量。

4 试剂和材料

4.1 去离子水。

4.2 氯化钠：优级纯。

4.3 无水氯化钙：分析纯。

4.4 无水氯化镁：分析纯。

4.5 冰醋酸：分析纯。

4.6 二甲苯：分析纯。

4.7 甲苯：分析纯。

4.8 乙醇：分析纯。

4.9 过氧化氢：分析纯。

4.10 丙酮：分析纯。

4.11 离心管：具塞。

4.12 容量瓶：100mL，500mL，1000mL。

4.13 注射器：1μL，10μL，50μL，100μL，2mL，5mL。

4.14 移液管：1mL，2mL，5mL，10mL。

4.15 量筒：50mL，100mL。

4.16 6 号封闭针头：长 100mm

4.17 7 号或 9 号注射针头：长 80mm。

5 仪器设备

5.1 主机：主要进行数据采集和控制，是整个仪器的核心。要求有良好的接地。

5.2 滴定池：内有指示电极对和电解电极对。其中指示参比电极对用于测量银离子浓度的变化；电解阳极 - 阴极电极对用于保持电解液中恒定的银离子浓度。

5.2.1 测量电极：银电极。

5.2.2 参比电极：银 - 醋酸银电极。

5.2.3 电解阳极：银电极。

5.2.4　电解阴极：铂电极。

5.3　离心机：0~3500r/min，转速可调。

5.4　恒温水浴：自动控温±2℃。

5.5　混合器：可对加热后的样品和醇－水溶液进行分离。可提供高频振动。

5.6　磁力搅拌器：用来放置电解池，外壳应保持良好的接地、避光和屏蔽，转速可调。

5.7　电脑和打印机：可对分析数据进行处理存储并输出。

5.8　分析天平：分度值0.1mg。

6　试验准备

6.1　电解液的配制

电解液可以使用70%~75%（体积分数）的冰醋酸溶液。

6.2　醇－水溶液的配制

95%的乙醇和去离子水按1∶3的体积比混合均匀。

6.3　混合醇溶液的配制

将正丁醇：甲醇：水按630∶370∶3（体积）的比例混合均匀备用。

6.4　混合盐标准溶液的配制

6.4.1　氯化钠标准溶液（10g/L）：氯化钠在（125±5）℃干燥2h，称取干燥、冷却至室温的氯化钠1.0000g于100mL烧杯中，用25mL水溶解并定量转移至100mL容量瓶中，再用混合醇溶液稀释至刻度，摇匀备用。

6.4.2　氯化钙标准溶液（10g/L）：称取无水氯化钙1.0000g（若使用含2个结晶水的氯化钙，应取1.3250g），用25mL水溶解，并定量转移至100mL容量瓶中，再用混合醇溶液稀释至刻度，摇匀备用。

6.4.3　氯化镁标准溶液（10g/L）：称取无水氯化镁1.0000g（若使用含6个结晶水的氯化镁，应取2.1400g），用25mL水溶解，并定量转移至100mL容量瓶中，再用混合醇溶液稀释至刻度，摇匀备用。

6.4.4　混合盐标准溶液（母液）：分别量取6.4.1~6.4.3中氯化钠标准溶液70mL、氯化钙标准溶液20mL和氯化镁标准溶液10mL，至100mL容量瓶中混合均匀。该溶液的浓度相当于10340mg/L。

注：可用铬酸钾为指示剂、硝酸银标准溶液滴定，以确定其准确浓度。还可根据需要，按不同比例配制成不同浓度的标准溶液。

6.4.5　103.4mg/L标准溶液：取6.4.4中混合盐1mL于100mL容量瓶中，加25mL水，然后用混合醇溶液稀释至刻度。该混合盐标准溶液的浓度为103.4mg/L。

6.4.6　10.34mg/L标准溶液：取6.4.5中混合盐10mL于100mL容量瓶中，加25mL

水，然后用混合醇溶液稀释至刻度。该混合盐标准溶液的浓度为10.34mg/L。

6.4.7 1.034mg/L标准溶液：取6.4.5中混合盐5mL于500mL容量瓶中，加25mL水，然后用混合醇溶液稀释至刻度。该混合盐标准溶液的浓度为1.034mg/L。

6.5 仪器准备

6.5.1 按照盐含量测定仪说明书安装仪器，并检查仪器状态是否正常，软件是否能正常使用。

6.5.2 向阳极室内注入60mL电解液，阴极室内注入3~5mL电解液。滴定池内注入电解液，滴定室内的电解液以能没过插入电极为宜。将滴定池放置在搅拌器平台的中央，打开搅拌器电源，调整搅拌速度，使电解液产生轻微漩涡。

6.5.3 连接滴定池与仪器之间的电缆，打开仪器电源，按表1推荐的条件调整仪器至工作状态，待记录基线稳定后，即可进行试样分析。

表1 盐含量测定仪推荐的操作条件

工作参数	参数值
偏压/mV	200~290
增益	1500~2400
积分电阻/Ω	200~2000

注：部分厂商已将“增益”和“积分电阻”的值固定在仪器中，即在实际操作过程中不用调整“增益”和“积分电阻”条件，而仅需要调整“偏压”的条件。

6.6 电极准备

6.6.1 指示电极

使用前先用WT金相砂纸及合成金刚石研磨抛光，再用水、丙酮清洗，放入10%氯化钠电镀液中，以银电极接库伦仪电解线的红夹子，铂电极接黑夹子，用10mA恒电流电镀6min，电极插入深度为3cm。镀好的电极，注意避光保存。

6.6.2 参比电极

可按6.6.1处理和电镀，也可以只抛光不电镀处理。

6.6.3 电解阳极

可按6.6.1处理和电镀，也可以只抛光不电镀处理。

6.7 滴定池准备

滴定池加避光罩，以防止光线对电极的影响。如果不加避光罩，外界光线不但使信号容易变为负值，而且在人体靠近时，将使信号发生很大变化。

6.8 仪器标定

6.8.1 选择与待测试样浓度相近的标准样品，用注射器定量取样，注入滴定池电解液内，仪器即自动进行滴定直至终点，并显示测定结果。

6.8.2 通过注射标样测定仪器的回收率f（%），以确定仪器工作状态是否正常。

（1）标样盐含量X_1（mg/L，以NaCl计），按式（1）计算：

$$X_1 = \frac{A \times 100}{2.722 \times R \times V_1 \times 0.606} \tag{1}$$

式中 A——积分器显示数字，每个数字相当于100，μV·s；

R——积分电阻，Ω；

2.722——相当于1ng氯消耗的电量，μC；

V_1——注入标样的体积，μL；

0.606——换算系数。

（2）回收率f（%）按式（2）计算：

$$f = \frac{X_1}{X_0} \times 100\% \tag{2}$$

式中 X_1——标样盐含量测量值，mg/L；

X_0——标样盐含量理论值，mg/L。

当测定的标样回收率在（100±10）%范围内时，则可认为仪器处于正常工作状态。

6.9 滴定终点的调节

6.9.1 测定盐含量时，偏压通常调至200～270mV之间，但在参比电极的电位不正常时，可能超出这个范围。

6.9.2 当测定高盐含量样品时，偏压应适当调低；当测定低含量样品时，偏压应适当调高。具体数据可用标样，加入一小滴到滴定池中，根据峰形的“拖尾”或“过头”来判断。

6.9.3 当峰形“拖尾”时，可以考虑适当增大偏压，当峰形“过头”时，可以适当减小偏压。

7 操作步骤

7.1 样品准备

7.1.1 室温下为流动态的样品，将样品搅拌均匀，立即称取1g（精确至0.0002g）左右样品于离心试管中，加入1.5mL二甲苯、2mL醇－水溶液。

7.1.2 室温下为黏稠的样品，在适宜的温度（该温度可根据煤焦油凝点确定）加热使其变为流动态，搅拌均匀后，按照7.1.1规定进行操作。

注：若试样中硫含量较高，需加入适量30%的过氧化氢消除干扰。

7.2 将离心试管置于60～70℃的恒温水浴中，加热1min，取出后用快速混合器震动混合1min，再加热1min左右，放入离心机内以2000～3000r/min转速离心2min，使油水明显分离。

7.3 将6号封闭针头穿过油层（若为水下油，抽提液在上层）插入离心管内，静置片刻。抽取少量抽提液冲洗注射器2～3次，冲洗注射器的同时将7号或9号针头同时冲洗备用。用注射器抽取抽提液，参考表2数据，定量的将抽提液通过试样入口注入到滴定

池内，仪器即自动开始滴定直至终点，并显示出测定结果。

表 2　试样盐含量与抽提液体积的关系

预估盐含量/（mg/L）	抽提液体积/μL
<10	500～100
10～100	100～10
100～1000	10～5
>1000	<5

8　结果计算

煤焦油盐含量 X_1（以 NaCl 计）按式（3）计算：

$$X_1 = \frac{A \times V_2 \times \rho \times 100}{2.722 \times R \times V_3 \times m \times 0.606} \tag{3}$$

式中　A——积分器显示数字，每个数字相当于 100，μV·s；

V_2——抽提盐所用的抽提液（醇－水溶液）的总量，mL；

ρ——试验 20℃的密度，g/cm^3；

R——积分电阻，Ω；

2.722——相当于 1ng 氯消耗的电量，μC；

V_3——试验用抽提液体积，μL；

m——试样取样量，g；

0.606——换算系数。

9　方法精密度

重复性限：在重复性条件下获得的两次独立测试结果的绝对差值在 95% 置信概率下应不大于表 3 规定的数值。

表 3　方法精密度

盐含量（以 NaCl 计）/（mg/L）	重复性（以 NaCl 计）/%
<10	10
10～100	8
100～10000	5

10　试验报告

试验报告至少应包括以下内容：

①样品标识；

②依据标准；

③试验结果；

④与标准的任何偏离；

⑤试验中出现的异常现象；

⑥试验日期。

参 考 文 献

[1] 中华人民共和国国家发展和改革委员会 . SY/T 0536—2008 原油盐含量的测定——电量法［S］. 北京：石油工业出版社，2008.

MJYPJ-21　煤焦油及馏分油热值的测定方法

热值是单位质量（或体积）的燃料完全燃烧时所放出的热量。热值反映了燃料燃烧特性，即不同燃料在燃烧过程中化学能转化为内能的大小。煤焦油及馏分油的热值，是重要的质量指标之一。

煤焦油及馏分油的热值测定方法参考现行国标 GB/T 213—2008《煤的发热量测定方法》[1]和 GB/T 384—1981《石油产品热值测定法》[2]。煤焦油及馏分油的热值测定方法中增加相关的术语和定义；采用自动量热仪，规定热容量和仪器常数的标定、点火丝弹热值的校正、聚乙烯塑料安瓿弹热值的校正。方法规定将轻质煤焦油或馏分油装入已知弹热值的聚乙烯塑料安瓿进行测定，重质煤焦油及馏分油弹热值直接测定。

本方法的主要内容如下：

1　范围

本方法规定了采用氧弹量热计测定煤焦油及馏分油总热值及净热值的方法。

本方法适用于不含水的煤焦油及馏分油。

2　术语和定义

下列术语和定义适用于本方法。

2.1　弹筒热值（bomb calorific value）

单位质量的试样在充有过量氧气的氧弹内燃烧，其燃烧产物组成为氧气、氮气、二氧化碳、硝酸和硫酸、液态水以及固态灰时放出的热量称为弹筒热值。

2.2　总热值（gross calorific value）

单位质量的试样在充有过量氧气的氧弹内燃烧，其燃烧产物组成为氧气、氮气、二氧化碳、二氧化硫、液态水以及固态灰时放出的热量称为总热值。

总热值即由弹筒热值减去硝酸形成热和硫酸校正热后得到的热值。

2.3　净热值（net calorific value）

单位质量的试样在充有过量氧气的氧弹内燃烧，其燃烧产物组成为氧气、氮气、二氧化碳、二氧化硫、气态水以及固态灰时放出的热量称为净热值。

净热值即由总热值扣除水的汽化热后得到的热值。

3 方法概要

热值在氧弹量热计中进行测定。一定量的试样在充有过量氧气的氧弹内燃烧，量热计的热容量通过在相似条件下燃烧一定量的基准量热物质苯甲酸来确定，根据试样点燃前后量热系统产生的温升，并对点火热等附加热进行校正后即可求得试样的弹筒热值（弹热值）。

弹筒热值扣除硝酸形成热和硫酸校正热即为总热值；根据试样中的氢含量，向总热值中引入水蒸气生成热的修正数，即为净热值。

4 试剂和材料

4.1 标准物质：苯甲酸，热值专用，需经检定，并附有证书 GBW（E）130035。

4.2 聚乙烯塑料管：内径 ϕ4mm。

4.3 点火丝（表1）：直径不大于0.2mm 的镍－铬合金、铜线或其他点火丝，截成长60～120mm（视氧弹内附件结构及点火丝系统而定）的等分线段，称量由10～15 根组成的线束，以测定每一根金属线的质量。

表1 点火丝的燃烧热值

点火丝	燃烧热/（cal/g）	点火丝	燃烧热/（cal/g）
铁丝	1600	铜丝	600
铜镍锰合金丝	775	镍铬丝	335
镍铜合金丝	750	铂丝	100

4.4 氧气：纯度≥99.5%，不含可燃成分，不允许使用电解氧气。

4.5 注射器：50mL。

4.6 移液管：10mL。

5 仪器设备

5.1 量热计

量热计是由燃烧氧弹、内筒、外筒、搅拌器、温度传感器和试样点火装置、温度测量和控制系统以及水构成。

5.1.1 氧弹

（1）由耐热、耐腐蚀的镍铬或镍铬钼合金钢制成，需要具备3个主要性能：

①不受燃烧过程中出现的高温和腐蚀性产物的影响而产生热效应；

②能承受充氧压力和燃烧过程中产生的瞬时高压；

③试验过程中能保持完全气密。

（2）弹筒容积为250～350mL，弹头上应装有供充氧和排气的阀门以及点火电源的接线电极。

（3）新氧弹和新换部件（弹筒、弹头、连接环）的氧弹应经20.0MPa的水压试验，证明无问题后方能使用。此外，应经常注意观察与氧弹强度有关的结构，如弹筒和连接环的螺纹、进气阀、出气阀和电极与弹头的连接处等，如发现显著磨损或松动，应进行修理，并经水压试验合格后再用。

（4）氧弹还应定期进行水压试验，每次水压试验后，氧弹的使用时间一般不应超过2年。

（5）当使用多个设计制作相同的氧弹时，每一个氧弹都应作为一个完整的单元使用。氧弹部件的交换使用可能导致严重事故的发生。

5.1.2　内筒

用紫铜、黄铜或不锈钢制成，断面可为椭圆形、菱形或其他适当形状。筒内装水通常为2000～3000mL，以能浸没氧弹（进、出气阀和电极除外）为准。内筒外面应高度抛光，以减少与外筒间的辐射作用。

5.1.3　外筒

（1）为金属制成的双壁容器，并有上盖。外壁为圆形，内壁形状则依内筒的形状而定；外筒应完全包围内筒，内外筒间应有10～12mm的间距，外筒底部有绝缘支架，以便放置内筒。

（2）恒温式外筒和绝热式外筒的控温方式不同，应分别满足以下要求：

①恒温式外筒：恒温式热量计配置恒温式外筒。自动控温的外筒在整个试验过程中，外筒水温变化应控制在±0.1K之内。外筒外面可加绝热保护层，以减少室温波动的影响。用于外筒的温度计应有0.1K的最小分度值。

②绝热式外筒：绝热式热量计配置绝热式外筒。外筒中水量应较少，最好装有浸没式加热装置，当样品点燃后能迅速提供足够的热量以维持外筒水温与内筒水温相差在0.1K之内。通过自动控温装置，外筒水温能紧密跟踪内筒的温度。外筒的水还应在特制的双层盖中循环。

5.1.4　搅拌器

螺旋桨式或其他形式。转速400～600r/min为宜，并应保持恒定。搅拌器轴杆应有较低的热传导或与外界采用有效的隔热措施，以尽量减少量热系统与外界的热交换。搅拌器的搅拌效率应能使热容量标定中由点火到终点的时间不超过10min，同时又要避免产生过多的搅拌热（当内、外筒温度和室温一致时，连续搅拌10min所产生的热量不应超过120J）。

5.1.5　量热温度计

用于内筒温度测量的量热温度计至少应有0.001K的分辨率，以便能以0.002K或更好的分辨率测定2~3K的温升；它代表的绝对温度应能达到近0.1K。量热温度计在它测量的每个温度变化范围内应是线性的或线性化的。它们均应经过计量部门的检定，证明已达到上述要求。

5.2　量热计小皿（以后简称燃烧皿）：铂制品最理想，可用镍铬铜、石英或其他合金刚制成。

5.3　定压阀

压力指示范围为0~6MPa，供氧弹充氧，并将压力控制在3~3.2MPa。

5.4　分析天平：分度值0.1 mg。

6　试验准备

6.1　聚乙烯塑料安瓿的制备

取一段聚乙烯塑料管在酒精灯火焰上烤软，将一端稍微拉细，然后将细端熔融封口。封好后，在酒精灯上烤软（勿使塑料管直接接触火焰）然后离开火焰，将聚乙烯塑料管通过一个装有氯化钙的干燥管（避免吹入水气）吹成带毛细管的塑料安瓿封样管。封样管的质量为0.2g左右，吹好后放入干燥器中待用。

6.2　燃烧皿：试验前将燃烧皿在（750±5)℃下烘烤10min，冷却至室温，备用。

7　标定

7.1　热容量和仪器常数的标定

7.1.1　采用在氧弹中燃烧一定量的标准苯甲酸，测量由其燃烧所产生的热量而引起量热计温度变化的方法，来确定量热计的热容量。

量热计由量热容器及其中的水、氧弹、搅拌器及热电偶等（在浸入状态下）组成。

7.1.2　将（1±0.1）g苯甲酸标准样品，在预先称重的燃烧皿中称准至0.0002g。

7.1.3　用移液管向氧弹中准确注入10mL蒸馏水，将装有苯甲酸的燃烧皿固定在氧弹电极环上，将点火丝两端分别接在电极柱上，弯曲点火丝与苯甲酸紧密接触，并注意勿使点火丝接触燃烧皿，以免形成短路，而导致点火失败，甚至烧毁燃烧皿。同时还应注意防止两电极间以及燃烧皿与另一电极之间的短路。将装好的电极柱放入氧弹内，将氧弹拧紧。由进口阀往氧弹中缓缓地充入氧气，直至压力到2.8~3.0MPa，达到压力后，维持充氧时间不少于15s。

7.1.4　将氧弹小心地沉入盛有水的量热容器中，勿使水量损失，盖好盖，注意使盖上的另一电极与氧弹进口阀接触，且保证盖上的搅拌器及热电偶插入水中。热电偶及搅拌器不应接触氧弹及量热容器的壁。搅拌器的搅拌部分不应露出水面。让设备平衡5min后开始试验。

7.1.5　量热试验分为三期：

初期——在燃烧试样之前进行。在试验初期的温度条件下，观察及计算量热计与周围环境的换热作用；

主期——在此时间内试样开始燃烧，向量热计传导燃烧热；

终期——在主期后接着进行，其作用与初期相同，在试验终了的温度条件下，观察和计算换热作用。

7.1.6　试验结束后，仪器自动打印结果，关闭电源，将氧弹取出，小心地慢慢打开排气阀，并以均匀的速度放出氧弹中的气体，这一操作过程要求不少于1min。然后打开和取下氧弹的盖，检查氧弹内部燃烧是否完全。

7.1.7　用蒸馏水洗涤氧弹内部、燃烧皿及排气阀。

7.1.8　热容量标定一般应进行5次重复实验。计算5次重复实验的平均值和相对标准差，其相对标准差不应超过0.2%。否则应重新进行标定。

7.1.9　在正常情况下，至少每3个月进行标定一次。当出现以下情况时，应重新标定热容量。

（1）更换量热温度计；

（2）更换量热计大部件如氧弹头、连接环；

（3）标定热容量和测定发热量时的内筒温度相差超过5K；

（4）量热计经过较大的搬动之后。

如果量热计量热系统没有显著改变，重新标定的热容量值和前一次的热容量值不应大于0.25%，否则，应检查试验程序，解决问题后再重新进行标定。

7.1.10　对于高度自动化的量热仪，应增加标定频率，必要时应每天进行标定。

7.2　点火丝弹热值的测定

7.2.1　测定点火丝的弹热值，作为计算试样的热值时的修正值。

7.2.2　截取适量长度的点火丝，称量，准确至0.0002g。

7.2.3　不加苯甲酸标准样品，按7.1.3、7.1.4、7.1.5、7.1.6、7.1.7条规定进行试验。

7.2.4　点火丝弹热值至少测定3次，取实验结果的算术平均值，其实验结果之间的差数不应超过50J/g。

7.2.5　点火丝的点火热也可根据4.3条给出的数值进行计算。

7.3　聚乙烯塑料安瓿弹热值的测定

7.3.1　测定聚乙烯塑料安瓿的弹热值，作为计算试样的热值时的修正值。

7.3.2　在测定热值时，称取制备好的聚乙烯塑料安瓿，准确至0.0002g。

7.3.3　用聚乙烯塑料安瓿代替苯甲酸，按7.1.3、7.1.4、7.1.5、7.1.6、7.1.7条规定进行试验。

7.3.4　聚乙烯塑料安瓿的弹热值至少测定3次，取实验结果的算术平均值，其实验结果之间的差数不应超过100J/g。

8 操作步骤

8.1 轻质煤焦油或馏分油弹热值的测定

8.1.1 用注射器向6.1条准备好已知质量的聚乙烯塑料安瓿中注入1mL试样，并小心将口密封。称量，准确至0.0002g。

8.1.2 用装有试样的聚乙烯塑料安瓿代替苯甲酸，按7.1.3、7.1.4、7.1.5、7.1.6、7.1.7条规定进行试验。

8.1.3 样品弹热值至少测定3次，取实验结果的算术平均值，其差数不应超过120J/g。

8.1.4 样品的弹热值应根据点燃聚乙烯塑料安瓿的弹热值进行修正。

8.2 重质煤焦油及馏分油弹热值的测定

8.2.1 准确称取混合均匀的试样0.9~1.1g至燃烧皿中，称准至0.0002g。

8.2.2 按7.1.3、7.1.4、7.1.5、7.1.6、7.1.7条规定进行试验。

8.2.3 样品弹热值至少测定2次，取实验结果的算术平均值，其差数不应超过120J/g。

8.2.4 样品的弹热值应根据聚乙烯塑料安瓿的弹热值进行修正。

9 结果计算

9.1 总热值的计算

弹热值扣除硝酸形成热和硫酸校正热即为总热值。

试样的总热值 Q_{gr}（cal/g）按式（1）计算：

$$Q_{gr} = Q_b - (22.5 \times S + N) \tag{1}$$

式中 Q_b——弹热值，cal/g；

22.5——每1%硫变成硫酸及硫酸溶解于水的热量，cal/g；

S——试样的硫含量，%；

N——硝酸的生成及溶解于水的热量，cal/g。

注：轻质煤焦油或馏分油N采用12cal/g；重质煤焦油或馏分油N采用10cal/g。

9.2 净热值的计算

净热值即由总热值扣除水的汽化热后得到的热值。

试样的净热值 Q_{net}（cal/g）按式（2）计算：

$$Q_{net} = Q_{gr} - 6 \times (9 \times H + W) \tag{2}$$

式中 Q_{gr}——试样的总热值，cal/g；

常数6——在氧弹中每1%（0.01g）水的汽化热，cal/g；

常数 9——氢质量分数换算为水质量分数的系数；

H——试样中的氢含量,%；

W——试样中的水含量,%。

9.3 单位换算

9.3.1 1cal = 4.182J。

9.3.2 热值结果单位为 MJ/kg，结果修约至小数点后 2 位。

9.3.3 热值结果单位为 J/g，结果修约至整数位。

10 方法精密度

重复性限：在重复性条件下获得的两次独立测试结果的绝对差值在 95% 置信概率下应不大于 120J/g。

11 试验报告

试验结果报告至少包括以下信息：

①样品标识；

②依据方法；

③试验结果；

④与方法的任何偏离；

⑤试验中出现的异常现象；

⑥试验日期。

参 考 文 献

［1］中华人民共和国国家质量监督检验检疫总局 中国国家标准化管理委员会. GB/T 213—2008 煤的发热量测定方法［S］. 北京：中国标准出版社，2009.

［2］国家标准总局. GB/T 384—1981 石油产品热值测定法［S］. 北京：中国标准出版社，2004.

MJYPJ-22　煤焦油及馏分油残炭的测定方法

残炭值是用来估计其在相似降解条件下，形成碳质型沉积物的大致趋势，以提供相对生焦倾向的指标。

我国使用的残炭测定方法通常有五种：康氏残炭测定法（GB/T 268）、微量残炭测定法（GB/T 17144）、电炉法（SH/T 170）、兰氏法（SH/T 160）和核磁共振氢谱法。电炉法是源自于苏联的一种方法，使用的国家很少，兰氏法因其残炭数据与康氏残炭间只存在近似关系，故较少被采用。近年来发展用核磁共振氢谱测定残炭的新方法，在石油产品中，亚甲基、甲基含量比与残炭值呈良好线性关系，该方法方便、快捷、精确、具有很高的实用价值，但是该方法对样品的组成要求较高，所以一般用于轻质油品的测定。康氏残炭测定法曾经是世界各国普遍采用的一种标准测定方法，该方法的测定一般用于在常压蒸馏时易于部分分解，相对不易挥发的油品，此方法用于测定油品经蒸发和热解后留下的残炭量，是提供油品相对生焦倾向的指标，这种炭质残余物，它不全部是碳，而是一种会进一步热解变化的焦炭。近年来，微量残炭也是一个国际通用的标准方法，因其具有简便和高效性，所以具有逐步代替其他方法的趋势。

煤焦油的物理化学性质较为复杂，馏程分布较宽，所以选用微量残炭测定法较为适宜。煤焦油及其馏分油残炭的测定方法主要参考现行国标 GB/T 17144—1997《石油产品残炭测定法——微量法》[1]，针对煤焦油及其馏分油的特点，在样品准备方面做了修改调整。

本方法的主要内容如下：

1　范围

本方法规定了用微量法测定煤焦油及馏分油残炭的测定方法。

本方法适用于煤焦油及其馏分油，测定残炭的范围是 0.10% ~40%。

2　术语和定义

下列术语和定义适用于本文件。

残炭（carbon residue）

在规定条件下，试样经蒸发和热解后所形成的残留物。

3 意义和用途

3.1 各种煤焦油及馏分油的残炭值是用来估计该产品在相似的降解条件下，形成碳质型沉积物的大致趋势，以提供煤焦油及其馏分油相对生焦倾向的指标。

3.2 样品中形成的灰分或存在于样品中的不挥发性添加剂将作为残炭增加到样品的残炭值中，并作为总残炭的一部分被包括在测定结果中。

4 方法提要

将已称重的试样放入一个样品管中，在惰性气体（氮气）气氛中，按规定的温度程序升温，将其加热到500℃，在反应过程中生成的易挥发性物质由氮气带走，留下的碳质型残渣以占原样品的质量分数报告微量残炭值。

5 试剂和材料

氮气：普通氮气纯度98.5%以上，用双级调节器后提供压力为0～200kPa的氮气。实际应用中最低气流压力为140kPa。

6 仪器设备

6.1 样品管：用钠钙玻璃或硼硅玻璃制成，平底。容量2mL，外径12mm，高约35mm。测定残炭量低于0.20%（质量分数）的试样时，使用容量4mL，外径12mm，高约72mm，壁厚1mm的样品管。

6.2 滴管或玻璃棒：供称量样品时取样用。

6.3 成焦箱：有一个圆形燃烧室，直径约85mm，深约100mm，能够以10～40℃/min的加热速率将其加热到500℃，还有一个内径为13mm的排气孔，燃烧室内腔用预热的氮气吹扫（进气口靠近顶部，排气孔在底部中央）。在成焦箱燃烧室里放置一个热电偶或热敏元件，在靠近样品管壁但又不与样品管壁接触处进行探测。该燃烧室还带有一个可隔绝空气的顶盖。蒸汽冷凝物绝大部分直接流入位于炉室底部可拆卸的收集器中，如图1所示。

6.4 样品管支架：它是一个由金属铝制成的圆柱体，直径约76mm，厚约17mm，柱体上均匀分布12个孔（放样品管）。每个孔深13mm，直径13mm，每孔均排在距周边约3mm处，架上有6mm长的支脚，用来在炉室中心定位。边上的小圆孔用来作为起始排列样品位置的标记。支架的形状如图2所示。

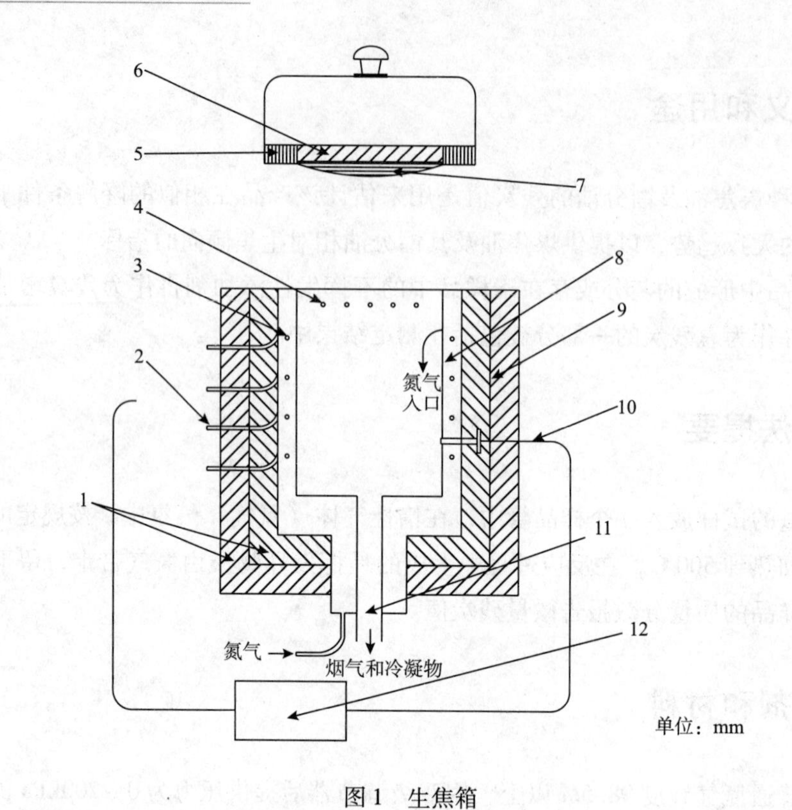

图1　生焦箱

1—绝缘材料（两层）；2—圆形加热盘管，700W 两组；3—加热盘管剖面；4—12 个直径为 1mm 的进气口；5—陶瓷圆环；6—保温层；7—顶塞（0Cr18Ni9 不锈钢）球面；8—厚 1.6mm 的内圆柱形壳体；9—厚 1.6mm 的外圆柱形壳体；10—热电偶导线；11—不锈钢管；12—微信息处理机

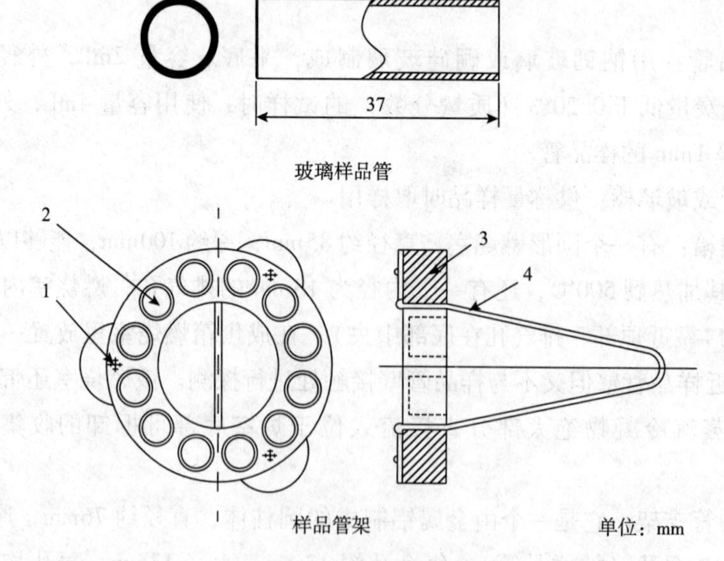

图2　样品管和样品管支架

1—小螺钉 3 个；用作支脚；2—均匀分布的 12 个孔；3—铝合金；4—不锈钢手柄

6.5 热电偶：铁－康铜，包括一个外部读数装置，范围450～550℃。

6.6 分析天平：分度值0.1mg。

6.7 冷却器：干燥器或类似的密封容器。不加干燥剂。

7 样品准备

7.1 室温下为流动态的样品，将样品搅拌均匀，用小棒直接把样品滴到样品管底部。

7.2 室温下为黏稠的样品，在适宜的温度下加热使其变为流动态，搅拌均匀后用小棒把样品滴到样品管底部。

7.3 室温下为固体的样品，应将其粉碎至0.20mm以下，混合均匀后取样并置于样品管底部。

8 样品的称量

8.1 在取样和称量过程中，用镊子夹取样品管，以减少称量误差。用过的样品管一般应废弃。

8.2 称量洁净的样品管质量（m_1），准确至0.0002g。

8.3 把适量的样品（表1）滴入或装入到已知质量的样品管底部，避免样品沾壁，再称量（m_2），准确至0.0002g。把装有试样的样品管放入样品管支架上（最多12个），根据指定的标号记录每个样品对应的位置。

注：每批试验样品可以包含一个参比样品。为了确定残炭的平均质量分数和标准偏差，此参比样品应是在同一台仪器上至少测试过20次的典型样品，以保证被测样品的准确性。当参比样品的结果落在该试样平均残炭的质量分数±3倍标准偏差范围内时，则这批样品的试验结果认为可信。当参比样品的测试结果在上述极限范围以外时，则表明试验过程或仪器有问题，试验无效。

表1 试样量

样品种类	预计残炭值/%	试样量/g
黑色黏稠体或固体	>5.0	0.15±0.05
褐色或黑色不透明流体	>1.0～5.0	0.50±0.10

9 操作步骤

9.1 在炉温低于100℃时，把装有试样的样品管支架放入炉膛内，并盖好盖子，再以流速为600mL/min的氮气流至少吹扫10min。然后把氮气流速降到150mL/min，并以10～

15℃/min 的加热速率将炉子加热到500℃。

9.2 使加热炉在（500±2）℃时恒温15min，然后自动关闭炉子电源，并让其在氮气流600mL/min 吹扫下自然冷却。当炉温降到低于250℃时，把样品管支架取出，并将其放入干燥器中进一步冷却。

9.3 用镊子夹取样品管，把样品管移到另一个干燥器中，让其冷却到室温，称量样品管质量（m_3），准确至0.0002g。

9.4 样品管支架从炉中取出后关闭氮气。

9.5 如果样品管中试样起泡或溅出引起试样损失，则该试样应作废，试验重做。试样飞溅的原因可能是由于试样含水所造成的。可先在减压状态下慢慢加热。随后再用氮气吹扫以赶走水分。另一种方法是减少试样量。

9.6 如果要做下一次试验，则打开炉盖，让其自然快速冷却。当炉温冷却到低于100℃时，可开始进行下一次试验。

注：因为空气（氧气）的引入会随着挥发性焦化产物的形成产生一种爆炸性混合物，这样会不安全，所以在加热过程中，任何时候都不能打开加热炉盖子。在冷却过程中，只有当炉温降到低于250℃时，方可打开炉盖。在样品管支架从炉中取出后，才可停止通氮气。生焦箱放在实验室的通风柜内，以便及时的排放烟气，也可将加热炉排气管接到实验室排气系统中排走烟气，注意管线不要造成负压。

9.7 定期检查加热炉底部的废油收集瓶，必要时将其内容物倒掉后再放回。

注：加热炉底部的废油收集瓶中的冷凝物，可能含有一些致癌物质，应该避免与其接触，并应该按照可行的方法对其进行掩埋掉或适当处理掉。

10 结果计算

10.1 样品残炭 X 的质量分数按式（1）计算：

$$X = \frac{m_3 - m_1}{m_2 - m_1} \times 100\% \tag{1}$$

式中 m_1——空样品管的质量，g；

m_2——空样品管的质量加试样的质量，g；

m_3——空样品管的质量加残炭量，g。

10.2 取重复测定两个结果的算术平均值，作为试样的残炭值，报告结果精确至小数点后一位。

11 方法精密度

重复性限：在重复性条件下获得的两次独立测试结果的绝对差值在95%置信概率下不

应超过式（2）计算的数值。

$$r = 0.0770\,\overline{X}^{2/3} \qquad (2)$$

式中 $\overline{X}$——两次测定结果的算术平均值，%（质量百分数）。

12 试验报告

试验报告至少应包括以下信息：

①样品标识；

②依据标准；

③试验结果；

④与标准的任何偏离；

⑤试验中出现的异常现象；

⑥试验日期。

参 考 文 献

[1] 国家技术监督局．GB/T 17144—1997 石油产品残炭测定法——微量法［S］．北京：中国标准出版社，2004.

MJYPJ－23　煤焦油及馏分油正庚烷不溶物的测定方法

煤焦油及馏分油的深加工与其组成和结构有关，因此，研究煤焦油及馏分油的组成，对后续加工工艺的确定、制定产品方案及设备选型意义重大。测定正庚烷不溶物可以了解煤焦油的组成，也可作为评价煤焦油加氢裂化性能的主要指标。

目前，国内还没有针对煤焦油及其馏分油为原料的正庚烷不溶物测定方法，只有冶金行业标准 YB/T 5178—1993《炭黑用原料油试验方法　沥青质测定方法——正庚烷沉淀法》[1]与此相关，该方法是针对炭黑用原料油和石油裂解所得的乙烯焦油中沥青质的测定方法。

正庚烷不溶物的测定方法主要采用索氏萃取法，根据煤焦油的特性，参考现行国标 GB/T 30044—2013《煤炭直接液化　液化重质产物组分分析——溶剂萃取法》[2]，建立了煤焦油及其馏分油正庚烷不溶物的测定方法。

本方法的主要内容如下：

1　范围

本方法规定了煤焦油及其馏分油正庚烷不溶物含量的测定方法。

本方法适用于煤焦油及其馏分油中正庚烷不溶物含量的测定。

2　方法提要

试样置于滤纸筒中用正庚烷萃取，将正庚烷不溶物干燥至质量恒定，根据干燥后不溶物的质量，计算出正庚烷不溶物的质量分数。

3　试剂和材料

3.1　正庚烷：分析纯。

3.2　油浴介质：闪点（开口）高于180℃。

3.3　滤纸筒：内径33mm，高度120mm，定制或由中速定量滤纸制成。

3.4　脱脂棉。

3.5　称量瓶：与滤纸筒配套使用。

3.6　广口瓶：500mL，带盖。

4 仪器设备

4.1 鼓风干燥箱：控温范围为室温~200℃；控温精度 ±1℃。

4.2 真空干燥箱：控温范围为室温~250℃；控温精度 ±1℃；真空度不大于 1.33×10^{3} Pa。

4.3 分析天平：分度值0.1 mg。

4.4 干燥器：内带干燥剂。

4.5 恒温油浴：控温精度±1℃。

4.6 超声波振荡器：控温范围为室温~100℃；超声波频率20~25kHz。

4.7 索氏萃取装置

由索氏萃取器、平底烧瓶和冷凝器等组成（图1）。

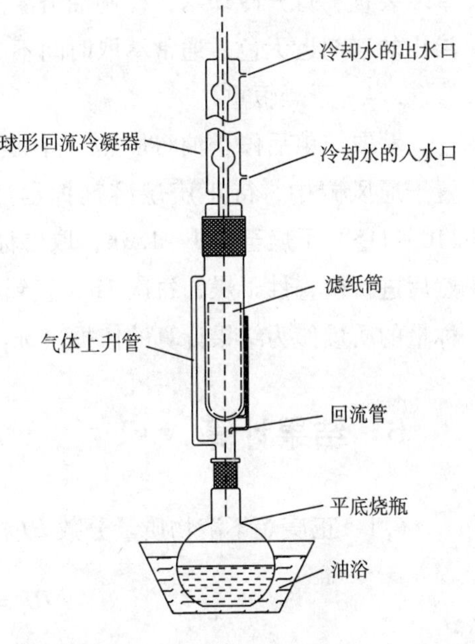

图1 索氏萃取装置示意图

索氏萃取器：内径45~55mm。

平底烧瓶：500mL，瓶口直径28~30mm。

冷凝器：球形，末端磨口与萃取器配合，并带两个对称的小孔，水套长度至少300mm。

5 操作步骤

5.1 样品的称量

取约0.5g脱脂棉，分成大约相等的两部分，一部分放于滤纸筒中做成漏斗形，另一部分置于滤纸筒的上部，然后将滤纸筒放到称量瓶中，在鼓风干燥箱中于100~105℃下干燥至质量恒定（连续两次干燥质量之差不超过0.0020g），记录质量（m_1）。称取待测样品8~10g（m），准确至0.0002g，从滤纸筒中取出上部的脱脂棉，将试样放入滤纸筒中，再将脱脂棉置于滤纸筒的上部。

5.2 样品的预分散

将称好样品的滤纸筒放入装有正庚烷的带盖广口瓶中，瓶中正庚烷的高度须高于滤纸筒中样品的高度，盖上瓶盖，将广口瓶放入超声波振荡器中，在55℃下振荡至少30min。

5.3 样品萃取

把滤纸筒移入索氏萃取器，将广口瓶中的正庚烷溶剂倒入平底烧瓶中，补充烧瓶中的溶剂使溶剂量为烧瓶容积的2/3，将萃取器放入预热的恒温油浴中，按图1所示装好索氏萃取装置。打开冷却水，控制油浴温度使正庚烷溶剂平均 6min 回流一次，直至滤纸筒中渗出的溶剂近无色，通常萃取时间不少于 48h。

5.4　干燥恒重

萃取结束后停止油浴加热，待油浴冷却后将萃取器移出，取出滤纸筒，放入烧杯中，置于通风橱中，待正庚烷溶剂挥尽后，放入称量瓶，将称量瓶置于真空干燥箱中，于 110～115℃干燥至少 1～1.5h，取出称量瓶并盖好瓶盖，置于干燥器中冷却至室温，称量。然后进行检查性干燥，每次 1h，直到最后两次称量结果之差不超过 0.0020g，以最后一次称量的质量作为结果计算的依据（m_2）。

6　结果计算

6.1　正庚烷不溶物质量分数 *HI* 按式（1）计算：

$$HI = \frac{m_2 - m_1}{m} \times 100\% \tag{1}$$

式中　*HI*——试样中正庚烷不溶物的质量分数,%；

m_2——称量瓶、滤纸筒、脱脂棉和正庚烷不溶物的质量之和，g；

m_1——称量瓶、滤纸筒和脱脂棉的质量之和，g；

m——试样的质量，g。

6.2　取重复测定两个结果的算术平均值，作为试样的正庚烷不溶物质量分数，结果修约到小数点后两位。

7　方法精密度

重复性限：在重复性条件下获得的两次独立测试结果的绝对差值在 95% 置信概率下应不大于 1.5%。

8　试验报告

试验报告至少应包括以下信息：

①样品标识；

②依据标准；

③试验结果；

④与标准的任何偏离；

⑤试验中出现的异常现象；

⑥试验日期。

参 考 文 献

［1］中华人民共和国冶金工业部．YB/T 5178—1993 炭黑用原料油试验方法 沥青质测定方法——正庚烷沉淀法［S］．北京：中国标准出版社，1994.

［2］中华人民共和国国家质量监督检验检疫总局　中国国家标准化管理委员会．GB/T 30044—2013 煤炭直接液化　液化重质产物组分分析——溶剂萃取法［S］．北京：中国标准出版社，2014.

MJYPJ－24　煤焦油及馏分油甲苯不溶物的测定方法

甲苯不溶物是煤焦油中的大分子物质，包括煤粉、焦粉、灰分和粉尘等。甲苯不溶物的含量是确定煤焦油深加工工艺的重要指标，甲苯不溶物含量高，会增加加工工艺的苛刻度和操作成本，影响项目的经济性。

现行国标 GB/T 2292—1997《焦化产品甲苯不溶物含量的测定》是焦化行业针对焦化产品中甲苯不溶物的测定方法，该方法适用于煤沥青、改质沥青、煤沥青筑路油、煤焦油、木材防腐油和炭黑用焦化原料油，不过该方法修订于 1997 年，近十年，随着煤化工行业的蓬勃发展，在适用范围、使用材料以及操作步骤等方面都有待调整。

煤科院制定的国标 GB/T 30044—2013《煤炭直接液化　液化重质产物组分分析——溶剂萃取法》[1] 于 2013 年正式发布，在参考上述国标的基础上，建立了煤焦油及其馏分油甲苯不溶物的测定方法。

本方法的主要内容如下：

1　范围

本方法规定了煤焦油及其馏分油甲苯不溶物含量的测定方法。

本方法适用于煤焦油及其馏分油中甲苯不溶物含量的测定。

2　方法提要

试样置于滤纸筒中用甲苯萃取，将甲苯不溶物干燥至质量恒定，根据干燥后不溶物的质量，计算出甲苯不溶物的质量分数。

3　试剂和材料

3.1　甲苯：分析纯。

3.2　油浴介质：闪点（开口）高于 180℃。

3.3　滤纸筒：内径 33mm，高度 120mm，定制或由中速定量滤纸制成。

3.4　脱脂棉。

3.5　称量瓶：与滤纸筒配套使用。

3.6　广口瓶：500mL，带盖。

4 仪器设备

4.1 鼓风干燥箱：控温范围为室温～200℃；控温精度 ±1℃。

4.2 真空干燥箱：控温范围为室温～250℃；控温精度 ±1℃；真空度不大于 1.33×10^3Pa。

4.3 分析天平：分度值0.1mg。

4.4 干燥器：内带干燥剂。

4.5 恒温油浴：控温精度±1℃。

4.6 超声波振荡器：控温范围为室温～100℃；超声波频率20～25kHz。

4.7 索氏萃取装置

由索氏萃取器、平底烧瓶和冷凝器等组成（图1）。

索氏萃取器：内径45～55mm。

平底烧瓶：500mL，瓶口直径28～30mm。

冷凝器：球形，末端磨口与萃取器配合，并带两个对称的小孔，水套长度至少300mm。

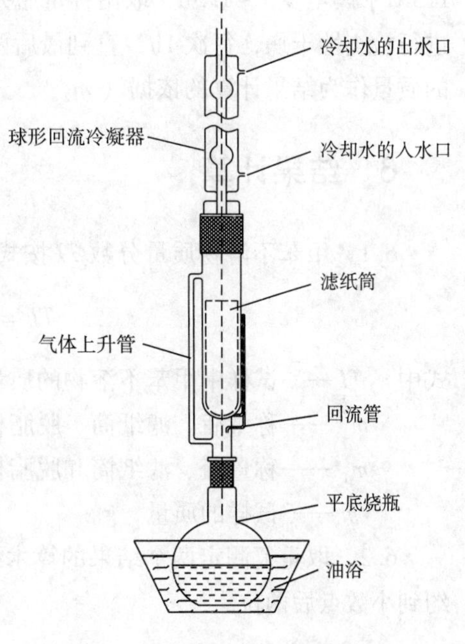

图1 索氏萃取装置示意图

5 操作步骤

5.1 样品的称量

取约0.5g脱脂棉，分成大约相等的两部分，一部分放于滤纸筒中做成漏斗形，另一部分置于滤纸筒的上部，然后将滤纸筒放到称量瓶中，在鼓风干燥箱中于115～120℃下干燥至质量恒定（连续两次干燥质量之差不超过0.0020g），记录质量（m_1）。称取待测样品8～10g（m），准确至0.0002g，从滤纸筒中取出上部的脱脂棉，将试样放入滤纸筒中，再将脱脂棉置于滤纸筒的上部。

5.2 样品的预分散

将称好样品的滤纸筒放入装有甲苯的带盖广口瓶中，瓶中甲苯的高度需高于滤纸筒中样品的高度，盖上瓶盖，将广口瓶放入超声波振荡器中，在55℃下振荡至少30min。

5.3 样品萃取

把滤纸筒移入索氏萃取器，将广口瓶中的甲苯溶剂倒入平底烧瓶中，补充烧瓶中的溶剂使溶剂量为烧瓶容积的2/3，将萃取器放入预热的恒温油浴中，按图1所示装好索氏萃取装置。打开冷却水，控制油浴温度使甲苯溶剂平均6min回流一次，直至滤纸筒中渗出的溶剂近无色，通常萃取时间不少于48h。

5.4　干燥恒重

萃取结束后停止油浴加热，待油浴冷却后将萃取器移出，取出滤纸筒，放入烧杯中，置于通风橱中，待甲苯溶剂挥尽后，放入称量瓶，将称量瓶置于真空干燥箱中，于110～115℃干燥至少1～1.5h，取出称量瓶并盖好瓶盖，置于干燥器中冷却至室温，称量。然后进行检查性干燥，每次1h，直到最后两次称量结果之差不超过0.0020g，以最后一次称量的质量作为结果计算的依据（m_2）。

6　结果计算

6.1　甲苯不溶物质量分数TI按式（1）计算：

$$TI = \frac{m_2 - m_1}{m} \times 100\% \tag{1}$$

式中　TI——试样中甲苯不溶物的质量分数，%；

m_2——称量瓶、滤纸筒、脱脂棉和甲苯不溶物的质量之和，g；

m_1——称量瓶、滤纸筒和脱脂棉的质量之和，g；

m——试样的质量，g。

6.2　取重复测定两个结果的算术平均值，作为试样的甲苯不溶物质量分数，结果修约到小数点后两位。

7　方法精密度

重复性限：在重复性条件下获得的两次独立测试结果的绝对差值在95%置信概率下应不大于1.0%。

8　试验报告

试验报告至少应包括以下信息：

①样品标识；

②依据标准；

③试验结果；

④与标准的任何偏离；

⑤试验中出现的异常现象；

⑥试验日期。

参考文献

［1］中华人民共和国国家质量监督检验检疫总局 中国国家标准化管理委员会．GB/T 30044—2013 煤炭直接液化　液化重质产物组分分析——溶剂萃取法［S］．北京：中国标准出版社，2014.

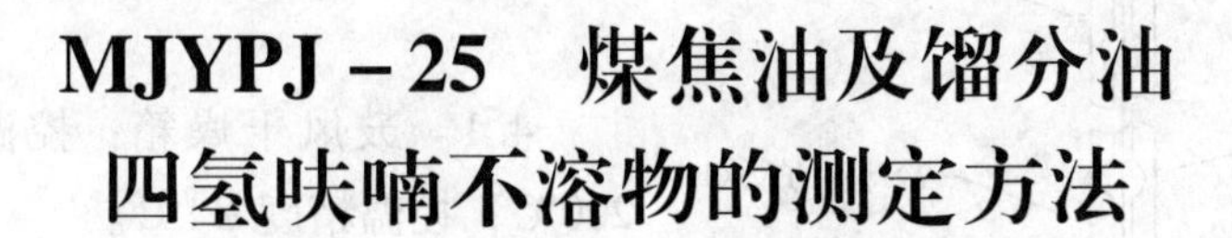

MJYPJ－25 煤焦油及馏分油四氢呋喃不溶物的测定方法

传统煤焦油行业一般只考察煤焦油的甲苯不溶物，通常其含量不高，但是随着煤化工行业的发展，低温热解、粉煤热解以及煤气化等产业的发展，受工业技术发展的限制，产生的煤焦油中含有大量的甲苯不溶物，甚至高达10%。因此，为了考察高甲苯不溶物含量煤焦油的可轻质化性，在参考现行国标 GB/T 30044—2013《煤炭直接液化 液化重质产物组分分析——溶剂萃取法》[1]的基础上，建立了煤焦油及其馏分油的四氢呋喃不溶物的测定方法。

本方法的主要内容如下：

1 范围

本方法规定了煤焦油及其馏分油四氢呋喃不溶物含量的测定方法。

本方法适用于煤焦油及其馏分油中四氢呋喃不溶物含量的测定。

2 方法提要

试样置于滤纸筒中用四氢呋喃萃取，将四氢呋喃不溶物干燥至质量恒定，根据干燥后不溶物的质量，计算出四氢呋喃不溶物的质量分数。

3 试剂和材料

3.1 四氢呋喃：分析纯。

3.2 油浴介质：闪点（开口）高于180℃。

3.3 滤纸筒：内径33mm，高度120mm，由中速定量滤纸制成。

3.4 脱脂棉。

3.5 称量瓶：与滤纸筒配套使用。

3.6 广口瓶：500mL，带盖。

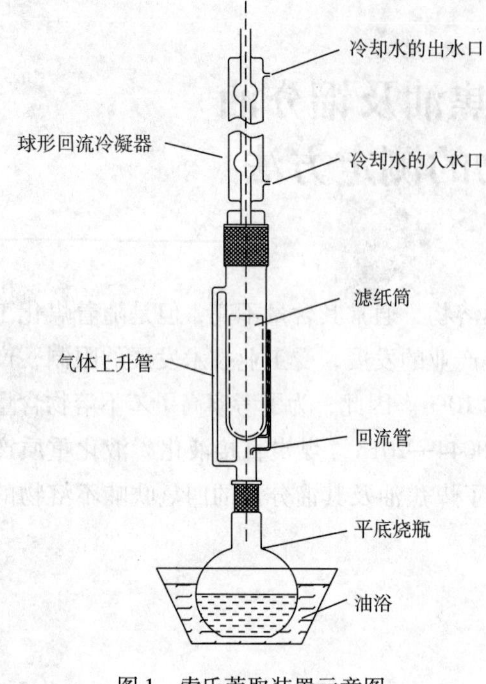

图1　索氏萃取装置示意图

4　仪器设备

4.1　鼓风干燥箱：控温范围为室温～200℃；控温精度±1℃。

4.2　分析天平：分度值0.1mg。

4.3　干燥器：内带干燥剂。

4.4　恒温油浴：控温精度±1℃。

4.5　超声波振荡器：控温范围为室温～100℃；超声波频率20～25kHz。

4.6　索氏萃取装置

由索氏萃取器、平底烧瓶和冷凝器等组成（图1）。

索氏萃取器：内径45～55mm。

平底烧瓶：500mL，瓶口直径28～30mm。

冷凝器：球形，末端磨口与萃取器配合，并带两个对称的小孔，水套长度至少300mm。

5　操作步骤

5.1　样品的称量

取约0.5g脱脂棉，分成大约相等的两部分，一部分放于滤纸筒中做成漏斗形，另一部分置于滤纸筒的上部，然后将滤纸筒放到称量瓶中，在鼓风干燥箱中于100～105℃下干燥至质量恒定（连续两次干燥质量之差不超过0.0020g），记录质量（m_1）。称取待测样品8～10g（m），准确至0.0002g，从滤纸筒中取出上部的脱脂棉，将试样放入滤纸筒中，再将脱脂棉置于滤纸筒的上部。

5.2　样品的预分散

将称好样品的滤纸筒放入装有四氢呋喃的带盖广口瓶中，瓶中四氢呋喃的高度需高于滤纸筒中样品的高度，盖上瓶盖，将广口瓶放入超声波振荡器中，在50℃下振荡至少30min。

5.3　样品萃取

把滤纸筒移入索氏萃取器，将广口瓶中的四氢呋喃溶剂倒入平底烧瓶中，补充烧瓶中的溶剂使溶剂量为烧瓶容积的2/3，将萃取器放入预热的恒温油浴中，按图1所示装好索氏萃取装置。打开冷却水，控制油浴温度使四氢呋喃溶剂平均6min回流一次，直至滤纸筒中渗出的溶剂近无色，通常萃取时间不少于48h。

5.4　干燥恒重

萃取结束后停止油浴加热，待油浴冷却后将萃取器移出，取出滤纸筒，放入烧杯中，置于通风橱中，待四氢呋喃溶剂挥尽后，放入称量瓶，将称量瓶置于鼓风干燥箱中，于100～105℃干燥至少1～1.5h，取出称量瓶并盖好瓶盖，置于干燥器中冷却至室温，称量。然后进行检查性干燥，每次1h，直到最后两次称量结果之差不超过0.0020g，以最后一次称量的质量作为结果计算的依据（m_2）。

6　结果计算

6.1　四氢呋喃不溶物质量分数 *THFI* 按式（1）计算：

$$THFI = \frac{m_2 - m_1}{m} \times 100\% \tag{1}$$

式中　*THFI*——试样中四氢呋喃不溶物的质量分数,%；

m_2——称量瓶、滤纸筒、脱脂棉和四氢呋喃不溶物的质量之和，g；

m_1——称量瓶、滤纸筒和脱脂棉的质量之和，g；

m——试样的质量，g。

6.2　取重复测定两个结果的算术平均值，作为试样的四氢呋喃不溶物质量分数，结果修约到小数点后两位。

7　方法精密度

重复性限：在重复性条件下获得的两次独立测试结果的绝对差值在95%置信概率下应不大于1.0%。

8　试验报告

试验报告至少应包括以下信息：

①样品标识；

②依据标准；

③试验结果；

④与标准的任何偏离；

⑤试验中出现的异常现象；

⑥试验日期。

参　考　文　献

[1] 中华人民共和国国家质量监督检验检疫总局 中国国家标准化管理委员会. GB/T 30044—2013 煤炭直接液化 液化重质产物组分分析——溶剂萃取法［S］. 北京：中国标准出版社，2014.

MJYPJ－26　煤焦油及馏分油灰分的测定方法

灰分是指在规定的条件下，试样被灼烧后，所剩残留物经煅烧所得的无机物。煤焦油中灰的主要来源包括：从煤中夹带的灰分，煤焦油在输送和储存过程中进入的灰尘或其他杂质，以及管道或设备等因腐蚀而产生的铁锈等杂质。灰分是煤焦油的质量以及加工利用的重要指标之一，因此煤焦油及馏分油灰分的测定是煤焦油评价必不可少的内容。

现行国标《GB/T 2295—2008 焦化固体类产品灰分测定方法》是针对煤沥青、改质沥青、精萘、工业萘、压榨萘、固体古马隆－茚树脂等焦化固体类产品的灰分测定方法，不适用于煤焦油及馏分油中灰分的测定。由于部分煤焦油在常温下是黏稠的液体，部分馏分油在常温下也是液体或者液固态，因此，针对煤焦油及其馏分油的性质特点，参考现行国标《GB/T 508—1985 石油产品灰分测定法》[1]和《GB/T 29748—2013 煤炭直接液化——液化残渣灰分的测定方法》[2]，建立了煤焦油及其馏分油灰分的测定方法。

本方法的主要内容如下：

1　范围

本方法规定了煤焦油及其馏分油中灰分的测定方法。

本方法适用于煤焦油及其馏分油灰分的测定。

2　方法提要

用无灰滤纸作引火芯，点燃放在一个适当容器中的试样，使其燃烧到只剩下灰分和残留的炭，炭质残留物在850℃马弗炉中加热转化成灰分，以灼烧后残留物质量占试样的质量分数为样品的灰分。

3　试剂和材料

3.1　盐酸：化学纯，配成1∶4的水溶液。

3.2　瓷坩埚或瓷蒸发皿：50mL。

3.3　定量滤纸：ϕ9 cm。

3.4　蒸馏水。

4 仪器设备

4.1 电热板或电炉。

4.2 马弗炉：炉膛具有足够的恒温区，能够保持温度在（850±10）℃，炉后壁的上部带有直径25~30mm的烟囱，下部离炉膛底20~30mm处有插热电偶的小孔。马弗炉的恒温区应在炉门关闭条件下测定，并每年测定一次。热电偶每年校准一次。马弗炉上方应有通风装置。

4.3 干燥器：不装干燥剂。

4.4 分析天平：分度值0.1mg。

5 试验准备

5.1 将稀盐酸（1:4）注入所用的瓷坩埚（或瓷蒸发皿）内煮沸几分钟，用蒸馏水洗涤，烘干后放在马弗炉中在（850±10）℃温度下灼烧至少10min，取出在空气中冷却3min，移入干燥器中，冷却至室温，称量，准确至0.0002g。

重复进行灼烧、冷却及称量，直至连续两次称量结果的差值不大于0.0005g。

注：坩埚在干燥器内冷却时间应全部相同。

5.2 取样前将试样充分搅拌均匀。如果样品比较黏稠，需预先加热至适宜的温度，直到样品具有较好的流动性，再将样品搅拌均匀后取样。

6 操作步骤

6.1 用已恒重的坩埚或蒸发皿称取适量样品（m），准确至0.0002g，试样量的多少依试样灰分大小而定，以所取试样能足以生成20mg的灰分为限。

注：一般情况下，试样量为5~10g，但对试验结果有异议时，应根据6.1的规定确定试样量。

6.2 用一张定量滤纸叠成两折，卷成圆锥状，用剪刀把距尖端5~10mm之顶端部分剪去，放入坩埚内。把卷成圆锥状的滤纸（引火芯）安稳的立插在坩埚内的油中，将大部分试样表面盖住。

6.3 含水试样，试验前应进行脱水。

6.4 对于黏稠的试样，在低温电炉上慢慢加热，使试样不溅出，也不从坩埚边缘溢出。

6.5 试样燃烧后，将盛有残渣的坩埚移入加热到（550±10）℃的马弗炉中，在此温度下保持1.0~1.5h，直到残渣灰化完全。然后将炉温升至（850±10）℃，并在此温度下保持1.0~1.5h，直至样品灼烧完全。

6.6 残渣灼烧完全后，将坩埚放在空气中冷却3min，然后在干燥器内冷却至室温，称量，准确至0.0002g。

6.7　在（850±10）℃条件下进行检查性灼烧，每次20min，直到连续两次灼烧后的质量之差不超过0.0005g为止，以最后一次灼烧后的质量（m_1）为计算依据。

7　结果计算

7.1　试样的灰分A按下式计算：

$$A = \frac{m_1}{m} \times 100\%$$

式中　m_1——灰分的质量，g；

m——试样的质量，g。

7.2　取重复测定两个结果的算术平均值，作为试样的灰分，结果修约到小数点后三位。

8　方法精密度

重复性限：在重复性条件下获得的两次独立测试结果的绝对差值在95%置信概率下应不大于表1中的规定。

表1　方法精密度

灰分/%	重复性限/%
<0.2	0.005
≥0.2	0.010

9　试验报告

试验报告至少应包括以下信息：

①样品标识；

②依据标准；

③试验结果；

④与标准的任何偏离；

⑤试验中出现的异常现象；

⑥试验日期。

参考文献

[1] 中国石油化工集团公司. GB 508—1985 石油产品灰分测定法［S］. 北京：中国标准出版社，1986.

[2] 中华人民共和国国家质量监督检验检疫总局 中国国家标准化管理委员会. GB/T 29748—2013 煤炭直接液化——液化残渣灰分的测定方法［S］. 北京：中国标准出版社，2014.

MJYPJ-27 煤焦油及馏分油金属含量的测定方法

煤焦油来源于煤炭，在生产煤焦油的过程中，往往会夹带部分煤中的金属化合物，而这些金属化合物的存在会造成后续固定床加氢工艺中催化剂中毒，降低催化剂的利用率，增加操作成本，影响项目的经济性。

针对煤焦油的特点，在参考现行石化标准 SH/T 0715—2002《原油和残渣燃料油中镍、钒、铁含量测定法——电感耦合等离子体发射光谱法》[1] 的基础上，建立了用电感耦合等离子体发射光谱仪（ICP-AES）测定煤焦油及馏分油中镍、钒、铁含量的方法。

本方法的主要内容如下：

1 范围

本方法规定了用电感耦合等离子体发射光谱仪（ICP-AES）测定煤焦油及馏分油中镍、钒、铁含量的方法。

本方法的测试含量范围取决于仪器灵敏度、分析样品的取量和稀释体积。典型的检测下限应为零点几 mg/kg。

2 引用文件

下列文件对于本文件的应用是必不可少的，凡是注日期的引用文件，仅注日期的版本适用于本文件。凡是不注日期的引用文件，其最新版本（包括所有的修改单）适用于本文件。

GB/T 6682《分析实验室用水规格和试验方法》。

3 方法提要

称取 1～20g 试样于一烧杯中，用硫酸加热烘干消解。该步骤的操作应十分小心，因为酸雾具有腐蚀性，且混合物容易燃烧。将残炭在 525℃ 马弗炉内燃烬，无机灰分用硝酸溶解，蒸发至接近干燥，加入稀释过的硝酸溶液定容。试样经雾化后进入原子发射光谱仪等离子炬，进行顺序或者同步测试，在校准曲线上对强度和浓度进行关联。

4 意义和用途

本方法可对各种煤焦油及馏分油中镍、钒、铁含量进行同时检测。

煤焦油及馏分油中的微量镍和钒将会导致加工过程中使用的催化剂中毒失效，本方法提供了测试镍、钒、铁含量的方法。

5 试剂和材料

5.1 标样：镍、钒、铁1000 mg/L单标。

5.2 浓硝酸：分析纯。

警告：硝酸有毒，可引起严重灼烧，吞入或者吸入可导致伤害甚至致命。

5.3 硝酸（1+1）溶液：将一份硝酸仔细小心地加入到一份水中，摇匀。

5.4 硝酸（19+1）溶液：将一份硝酸仔细小心地加入到十九份水中，摇匀。

5.5 浓硫酸：分析纯。

警告：硫酸有毒，可引起严重灼烧，吞入或者吸入可导致伤害甚至致命。

5.6 质量控制（QC）样品：由一种或多种可代表被测试样类型的稳定的油品组成。

5.7 当检测浓度低于1mg/kg时，应使用光谱纯试剂。

5.8 水的纯度：除非特别指明，一般情况下需符合GB/T 6682规定的二级水标准。

6 仪器设备

6.1 电感耦合等离子体发射光谱仪：使用顺序或同步光谱仪，带有石英炬管和形成等离子体的高频发生器。

6.2 雾化器：高盐雾化器虽是任选的，但特别推荐使用，此类雾化器可减少堵塞，也可使用玻璃同心雾化器。

6.3 蠕动泵：此类泵对于无吸力的雾化器是必需的，对于有吸力的雾化器是任选的。泵的流量可选择在0.5～3mL/min范围。泵管必须能承受连续6h在溶剂中使用。推荐使用氟橡胶管。

6.4 样液容器：带内盖的玻璃瓶或塑料瓶，容量在50～100mL，最适合的是100mL的容量瓶。

6.5 样品消解装置：包括一个400mL的石英或硼硅酸盐制烧杯用以盛装试样，放置在电热板上的空气浴（选用），置于空气浴上方25cm且灯电压可调的250W红外灯。

6.6 玻璃器皿：石英或硼硅酸盐制的400mL烧杯，多种规格的容量瓶和移液管。当检测浓度低于1mg/kg时，所有玻璃器皿必须用水彻底清洗和冲淋。

6.7　电热马弗炉：能恒温在（525±25）℃并足以容纳数个400mL烧杯。

6.8　蒸汽浴（选用）。

6.9　温控电热板（选用）。

7　样品处理

7.1　室温下为流动态的样品，将样品搅拌均匀，直接取样。

7.2　室温下为黏稠的样品，在适宜的温度下加热使其变为流动态，搅拌均匀后取样。

7.3　室温下为固体的样品，应将其粉碎至0.20mm以下，混合均匀后取样。

8　标样和质量控制（QC）样品的制备

8.1　标样空白：硝酸（19+1）溶液。

8.2　多元素标样：利用无机标样溶液，制备包含100mg/L镍、钒、铁元素浓度的多元素标样。

8.3　工作标样：稀释多元素标样，用硝酸（19+1）溶液进行十倍稀释。

8.4　校正标样：用制备标样方法制备校正标样，其浓度为被测试典型浓度。

8.5　质量控制（QC）样品：按第9章样品制备方法制备QC样品。

注：QC样品是用来核查第13章所描述的试验过程的有效性。

9　样品制备

9.1　在烧杯中称取含测试元素量在0.0025~0.12mg之间的试样。一般称样量为10g，每克试样加入0.5mL的硫酸。

注：如果希望降低检测浓度，可将试样量从10g逐渐增加，最高到100g，在每次加入附加量试样和硫酸之前，不一定将所有的有机物完全消解。对于高浓度样品，可适当减少试样量。

9.2　同时用等量于消解试样的硫酸制备试剂空白。遵循本章提到的所有步骤。

注：当测试浓度低于1mg/kg时，必须仔细制备试剂空白，为了简化分析，制备试剂空白所用的酸和稀释剂体积应与制备试样时所用的相同。例如：如果消解20g试样，则用10mL硫酸制备试剂空白。

9.3　空气浴的设备是选用的。将烧杯放入空气浴（置于通风橱中）。此时，关掉电热板电源，用红外灯从顶部逐渐加热，同时用玻璃棒搅拌试样。当消解开始时（指出现泛泡），控制红外灯热量以保持蒸发恒定，仔细观察每个试样混合物，直到不再沸腾。然后，逐步增加电热板和红外灯温度，直到试样呈灰状。

9.4　如果不用空气浴，而用电热板加热试样和硫酸，如9.3条所描述，要适当控制消解反应和电热板温度。

警告：热硫酸的雾气是强氧化物，操作者必须在通风良好的环境，戴上橡皮手套和合适的面罩防止酸雾灼伤。

9.5　将试样放入恒温在（525±25）℃的马弗炉内，加热到完全灰化。

9.6　用大约10mL硝酸（1+1）溶液淋洗烧杯壁，放入蒸汽浴加热至盐分溶解，冷却，转移至合适的容量瓶中，用硝酸（19+1）溶液定容，制样完毕。

10　仪器准备

10.1　参考ICP仪器的操作手册，测试方法必须以合适的操作步骤为前提，因仪器设计不同，故指定所需的操作参数并无实际意义。

针对仪器的工作软件设定合适的操作参数以便于分析所要测定的元素。参数包括①元素；②分析波长；③背景校正波长（可选择）；④内部元素校正因子；⑤积分时间1～10s；⑥2～5次连续重复积分。建议波长见表1。

表1　测定元素和建议波长

元素名称	波长/nm	
铁	259.94	238.20
镍	231.60	216.56
钒	292.40	310.22

注：这些波长仅供参考，并不代表所有可能选择。

10.2　光谱干扰：核实除了分析物之外的所有光谱干扰。如果需要进行校正，查阅操作指南以建立校正因子。

光谱干扰通常可通过精确地选择分析物波长加以避免，如果光谱干扰无法避免，则必须利用仪器商提供的工作软件进行修正。

11　校正和分析

11.1　用空白和工作标样，在每批样品测试前做一条二点的校准曲线。如果需要，可添加标样点。

11.2　使用校正标样来检测各分析物的校准是否准确。当校正标样每次分析结果的误差不在确认值的±5%范围内时，校准曲线需重做。

11.3　用相同于测试校准曲线的测试条件测定试样（即相同的积分时间、等离子体条件等）。利用稀释因子计算被测试样中多种元素的浓度，可手工或利用计算机进行浓度计算。

11.4　当被测试样的发射强度超过工作标样时，除非可确认校准曲线在此仍呈线性，否则需用空白重新稀释试样后再进行试样的测试。

11.5 每15个试样测试完成后需分析校正标样，如果测试结果的误差不在确认值的5%范围内时，重新校正校准曲线，直至校正标样的测定结果达到上述确认值范围后再重新分析试样溶液。

11.6 当试样包含低浓度分析元素时（尤其是低于1mg/kg时），特别强调光谱背景校正的应用。因为当浓度较低时，能够导致测试结果发生变化的背景的改变，可影响分析结果的准确性。由于背景强度是可变的，利用背景校正可使测试误差减至最小。

11.7 分析试剂空白，通过扣除试剂空白修正被测试样的结果。

12 结果计算

用式（1）计算试样中每种元素的含量（mg/kg）：

$$\text{元素含量} = \frac{(C \times V \times F)}{m} \tag{1}$$

式中 C——试样溶液中各元素的浓度（经试剂空白校正后的浓度），mg/L；

V——试样溶液体积，mL；

F——样品稀释倍数；

m——试样质量，g。

13 质量控制

用分析-质量控制（QC）样品确认试验步骤有效。

13.1 如果在测试设备中带有质量控制（QC）和质量保证（QA）协议文件，则可采用，以确认测试结果可靠。

13.2 报告结果取三位有效数字，单位为mg/kg。

14 方法精密度

重复性限：在重复性条件下获得的两次独立测试结果的绝对值，在95%置信率下应不小于表2和表3中的规定。

表2 方法精密度（1） mg/kg

元素名称	质量分数范围	重复性限
钒	50～500	$0.02X^{1.1}$
镍	10～100	$0.02X^{1.2}$
铁	1～10	$0.23X^{0.67}$

注：1. X=平均质量分数，mg/kg；

2. 当元素质量分数为1、10、50、100和500时采用表3的方法精密度。

表3 方法精密度（2） mg/kg

质量分数	重复性限		
	钒	镍	铁
1	—	—	0.23
10	—	0.32	1.08
50	1.5	2.2	—
100	3.2	5.0	—
500	19	—	—

15 试验报告

试验报告至少应包括以下信息：

①样品标识；

②依据标准；

③试验结果；

④与标准的任何偏离；

⑤试验中出现的异常现象；

⑥试验日期；

⑦注明加热介质的种类。

参 考 文 献

[1] 国家石油和化学工业局 . SH/T 0715—2002 原油和残渣燃料油中镍、钒、铁含量测定法——电感耦合等离子体发射光谱法［S］. 北京：中国石化出版社，2002.

MJYPJ－28　煤焦油渣油馏分软化点的测定方法

软化点是煤焦油渣油馏分的主要技术指标之一，反映煤焦油渣油的耐热性能，可为渣油的利用提供参考依据，是煤焦油基本评价和详细评价的指标之一。

软化点是在规定条件下，加热试样使其软化至一定稠度时的温度。因为软化不是在一个固定温度下发生的，所以软化点必须严格按照试验方法来测定，才能得到准确的结果。

本方法主要参考现行国标 GB/T 30043—2013《煤炭直接液化　残渣软化点的测定法——环球法》[1]和 GB/T 4507—2014《沥青软化点测定法——环球法》[2]。与前者的区别是当样品软化点低于80℃时，加热介质改用新煮沸过的蒸馏水；与后者的区别是熔样方式不同。

本方法主要内容如下：

1　范围

本方法规定了煤焦油渣油馏分软化点的测定方法。

本方法适用于煤焦油渣油软化点的测定。

2　方法提要

将两块水平渣油圆片置于肩状黄铜（或不锈钢）环中，每块渣油圆片上置有一只钢球。在加热介质中以一定的升温速率加热，以试样软化到使两个钢球下落25mm 刚接触支架下层板时的温度为渣油馏分的软化点。

3　试剂和材料

3.1　甘油：分析纯。

3.2　新煮沸过的蒸馏水。

3.3　金属板：两面光滑的金属板，其尺寸约为50mm×75mm。

3.4　刮刀：金属材质，平刃。

3.5　坩埚：瓷质，25mL。

3.6　隔离剂：凡士林。

4 仪器设备

4.1 软化点测定装置：见图1。

4.1.1 电炉或电加热板：最大功率1kW，可调。

4.1.2 玻璃烧杯：直径105mm，高150mm。

4.1.3 肩环支撑板和支架：由铜镀铬或不锈钢制，其形状和尺寸见图2，肩环支撑板的底部至支架下层板上表面的距离为25mm。

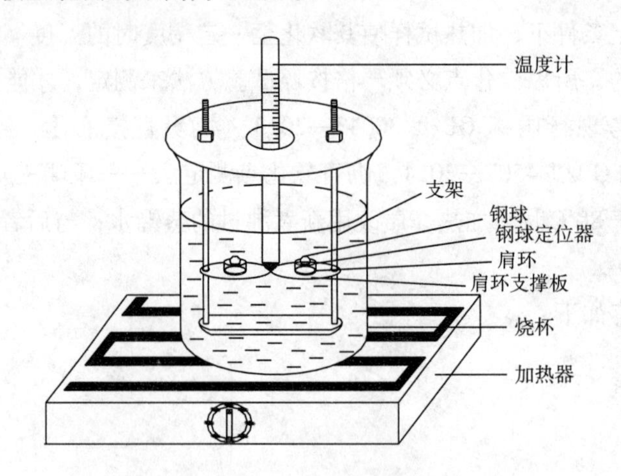

图1 软化点测定装置示意图

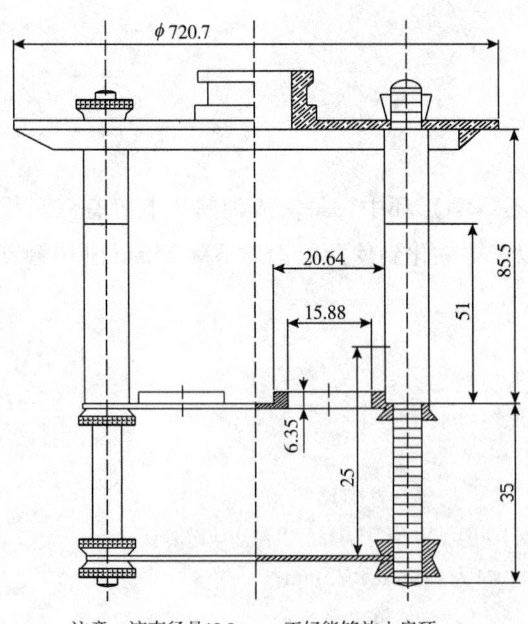

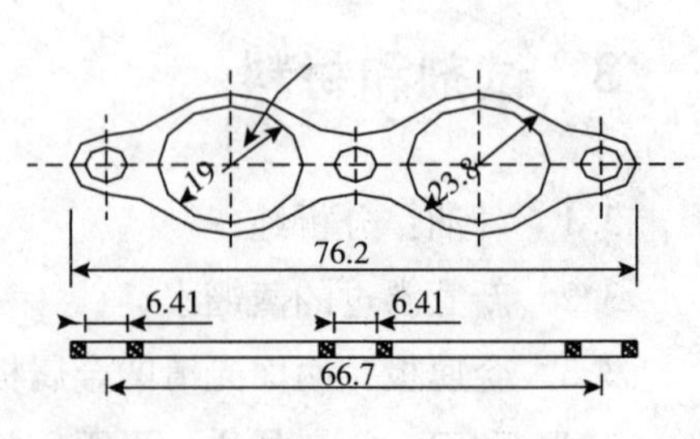

图2 肩环支撑板和支架

4.1.4　肩环：两个，黄铜或不锈钢制，其尺寸规格见图3。

4.1.5　钢球定位器：黄铜或不锈钢制，其形状和尺寸见图4。

4.1.6　钢球：两个，不锈钢制，直径9.5mm，质量（3.50±0.05）g。

4.1.7　水银-玻璃温度计：全浸式，测量范围30~200℃，最小分度值1℃。

4.2　鼓风干燥箱：控温范围为室温~200℃；控温精度 ±1℃。

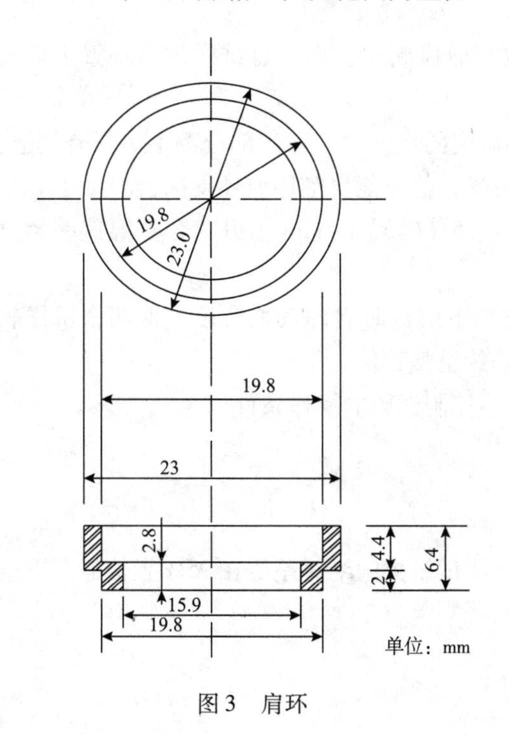

图3　肩环

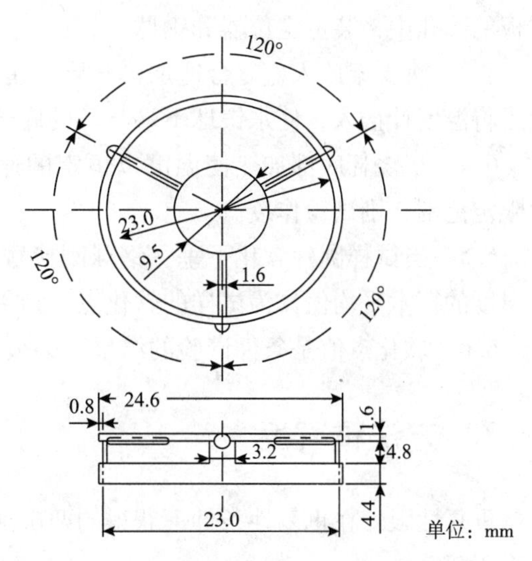

图4　钢球定位器

5　试验准备

5.1　融样

5.1.1　室温下较软的样品：将样品瓶放入适宜温度的干燥中，待样品全部融化并搅拌均匀，备用。

5.1.2　室温下为固态的样品：将样品破碎并研磨至粒度<0.4mm以下，取约15g样品置于瓷坩埚中，在排风橱内用电加热器30%的加热功率小心加热试样，并不时搅拌以防止局部过热，直至试样熔化可以流动。观察试样不能有黄色气体逸出，否则，试验作废。

如果重复试验，不能重新加热样品，应在干净的坩埚中用新的样品进行熔样。

5.2　渣油圆片的制备

将肩环置于金属板上，立即将熔好的样品倒入肩环中，至稍高出环上边缘为止，冷却至室温。室温下较软的样品，应在10℃以下的环境中冷却。样品冷却后，用预热的金属刮刀刮去肩环上多余的试样，刮时要使刀面与环面齐平，使得每一个圆片饱满并与环的顶部齐平。

6 操作步骤

6.1 选择适合的加热介质和起始加热温度。软化点低于80℃的样品，加热介质采用新鲜煮沸过的蒸馏水，起始加热温度为（5±1）℃。软化点高于80℃的样品，加热介质采用甘油，起始加热温度为（50±1）℃。

6.2 按图1装配好软化点测定装置，并放在通风橱中。将装有试样的肩环置于环支撑板的圆孔中，装上定位器和钢球。

6.3 将支架放入盛有合适加热介质和起始温度的烧杯中，任何部分都不应附有气泡，然后将温度计插入，使水银球下端与环的底部齐平，但不能接触环或环支撑板。

6.4 从烧杯底部加热使温度以恒定的速率（5±0.5）℃/min上升，若升温速率超过此限定范围，则试验作废。

6.5 当试样圆片软化下垂，钢球刚接触支架下层板时立即读取温度。取两个试样软化温度的算术平均值作为试样的软化点，结果修约至整数位。

6.6 软化点值是条件试验的结果，必须严格控制试验的操作条件。

7 方法精密度

重复性限：在重复性条件下获得的两次独立测试结果的绝对差值在95%置信概率下应不大于2℃。

8 试验报告

试验报告至少应包括以下信息：

①样品标识；

②依据标准；

③试验结果；

④与标准的任何偏离；

⑤试验中出现的异常现象；

⑥试验日期；

⑦注明加热介质的种类。

参 考 文 献

[1] 中华人民共和国国家质量监督检验检疫总局　中国国家标准化管理委员会. GB/T 30043—2013 煤炭直接液化　残渣软化点的测定法——环球法［S］. 北京：中国标准出版社，2014.

[2] 中华人民共和国国家质量监督检验检疫总局　中国国家标准化管理委员会. GB/T 4507—2014 沥青软化点测定法——环球法［S］. 北京：中国标准出版社，2014.

MJYPJ－29　煤焦油石脑油馏分烃族组成的测定——毛细管气相色谱法

煤焦油石脑油馏分烃族组成主要有烷烃、环烷烃和芳烃等。由于其平均相对分子质量较低，组分相对较少，较易分析鉴定，通常用单体烃或烃族组成表示。根据烃族组成计算其芳潜含量，以预测煤焦油石脑油馏分生产BTX的经济性，也是油品加工工艺设计的基础数据。因此，分析煤焦油石脑油馏分烃族组成对煤焦油评价及后续提质加工工艺控制都是非常必要的。

煤焦油石脑油馏分烃族组成的测定方法参考现行石化行业标准SH/T 0714—2002《石脑油中单体烃组成测定法——毛细管气相色谱法》[1]，本方法在给出单体烃组成的基础上增加了正构链烃、异构链烃、环烷烃和芳烃质量分数的统计计算。

本方法的具体内容如下：

1　范围

本方法规定了采用毛细管气相色谱法测定煤焦油石脑油馏分中各烃类组分的方法。

本方法适用于煤焦油石脑油馏分中各烃类组分的测定。

2　方法提要

将试样注入气相色谱仪，试样随载气进入毛细管色谱柱，在程序升温条件下各组分被分离，用氢火焰离子化检测器检测，采用校正因子归一化法定量，色谱工作站进行数据处理，得到煤焦油石脑油馏分中各单体烃的质量分数，统计得到链烷烃、环烷烃、芳烃的质量分数。

3　干扰物质

3.1　如果含有烯烃，沸点低于150℃的烯烃可以和饱和烃、芳烃分离和检出。有些烯烃将与饱和烃或芳烃同时流出，并且使这些组分的测定值偏高。

3.2　醇类、醚类和具有相近挥发性的有机物也会与饱和烃或芳烃一起流出干扰测定，使被测组分浓度偏高。

4 试剂和材料

4.1 载气：氦气，纯度不小于99.99%。

4.2 燃气：氢气，纯度不小于99.99%。

4.3 补偿气：氦气或氮气，纯度不小于99.99%。

4.4 正庚烷：纯度99%以上。

4.5 甲烷：纯度99%以上。

4.6 2－甲基庚烷：纯度99%以上。

4.7 4－甲基庚烷：纯度99%以上

4.8 2－甲基戊烷：纯度99%以上。

4.9 正辛烷：纯度99%以上。

4.10 甲苯：纯度99%以上。

4.11 2，3，3－三甲基戊烷：纯度99%以上。

4.12 标准混合物：纯液体烃的定性混合物组分为约0.5%甲苯、1%正庚烷、1%的2，3，3－三甲基戊烷、1%的2－甲基庚烷、1%的4－甲基庚烷和1%的正辛烷的2－甲基戊烷溶液。

注：上述试剂易燃，吸入有害，实验室必须做好防护。

5 仪器设备

5.1 气相色谱仪

配有自动进样器，毛细管分流进样口，程序升温控制器、氢火焰离子化检测器（FID）、带有单体烃专用分析软件的色谱工作站。

5.2 色谱柱

5.2.1 色谱柱类型

熔融石英毛细管柱：柱长：50m；内径：0.21mm；固定相：键合（交联）甲基硅酮；液膜厚度：0.5μm。符合这些规定尺寸的其他色谱柱也可应用。但是所有色谱柱必须满足5.2.2和5.2.3色谱柱柱效/分离度和极性的要求。

5.2.2 色谱柱的分离度

2－甲基庚烷和4－甲基庚烷之间的分离度，用式（1）计算，R必须大于1.35（氦气载气）。

$$R = \frac{2(t_{R(A)} - t_{R(B)})}{1.699(w_{h(A)} - w_{h(B)})} \tag{1}$$

式中 R —— 分离度；

$t_{R(A)}$ —— 4－甲基庚烷的保留时间，min；

$t_{R(B)}$ —— 2－甲基庚烷的保留时间，min；

$w_{h(A)}$ —— 4－甲基庚烷的半峰宽，min；

$w_{h(B)}$ —— 2－甲基庚烷的半峰宽，min。

5.2.3 色谱柱的相对极性

使用甲苯和2，3，3－三甲基戊烷的Kovats保留指数的差来测定色谱柱的相对极性。要求在35℃时，$I_{(2,3,3-三甲基戊烷)} - I_{(甲苯)}$必须在0.4±0.4。

注：此要求非常关键，色谱柱极性看起来微小、不同，对组分流出顺序有明显的影响，使峰的鉴别困难。

（1）Kovats保留指数按式（2）计算：

$$I_A = 700 + 100 \times \frac{\lg t'_{R(A)} - \lg t'_{R(C_7)}}{\lg t'_{R(C_8)} - \lg t'_{R(C_7)}} \tag{2}$$

式中 I_A ——n-C_7和n-C_8之间馏出的组分的保留指数，min；

$t'_{R(A)}$ ——组分的调整保留时间，min；

$t'_{R(C_7)}$ ——正庚烷的调整保留时间，min；

$t'_{R(C_8)}$ ——正辛烷的调整保留时间，min。

（2）通过从峰的保留时间减去不保留物质（甲烷）的保留时间，求得峰的调整保留时间。

（3）如果2，3，3－三甲基戊烷和甲苯不能分离开，分别分析仅含其中一种组分和n-C_7、n-C_8的2－甲基戊烷溶液。

6 取样

6.1 为了防止样品轻组分的挥发，样品应放置在冰箱冷藏。

6.2 分析前取混合均匀的样品至色谱样品瓶中，密封，备用。

7 操作步骤

7.1 典型的色谱仪工作条件见表1。

表1 色谱仪工作条件

载 气	类 型	氦 气
	平均线速/（cm/s，35℃）	约23
进样器	温度/℃	200
	分流比	200∶1
	样品量/μL	0.2～1.0

续表

色谱柱升温程序	第一阶段升温速率/（℃/min）	0.5
	升至温度/℃	60
	初温停留时间/min	30
	第二阶段升温速率/（℃/min）	2
	最终温度/℃	200
	终温停留时间/min	10
检测器	类型	氢火焰离子化检测器
	温度/℃	250
	燃气/（mL/min）	氢气（约30）
	助燃气/（mL/min）	空气（约300）
	补偿气/（mL/min）	氮气（约30）

7.2　分流进样线性范围的确定

为确定合适的定量参数和范围，应确立分流进样器线性范围。

7.2.1　使用已知质量分数为10%～20%（纯度99%以上）烃类的标准混合物，沸点范围应覆盖试样的沸点范围。

7.2.2　在下列条件下，对标准混合物进行分析，使用的操作条件列于表1。通过直接的流量测量。只要洗提组分都是单一峰，可以使用快速升温程序。

进样温度：200℃　分流比：100∶1　进样量：0.2μL，0.5μL，1.0μL

分流比：200∶1　进样量：0.2μL，0.5μL，1.0μL

7.2.3　用校正因子归一化法计算混合物中每个组分的浓度，除苯（0.90）和甲苯（0.95），所有组分使用的校正因子为1，已知浓度与计算浓度的相对误差由式（3）得出。

$$相对误差 = \frac{计算浓度 - 已知浓度}{已知浓度} \times 100\% \tag{3}$$

7.2.4　仅使用7.3.3条中结果的相对误差小于3%的组合条件，这是分流器的线性范围。

7.3　样品分析

7.3.1　注射0.2～1.0μL的试样进入进样口，进行分析。

7.3.2　试样量必须符合按照第7.2节测定的分流线性范围。得到一个色谱图和色谱峰的积分报告。

7.3.3　设定记录器或积分仪参数或同时设定二者，以使数据精确。设定仪器灵敏度，使得可以检测，积分和报告质量分数不小于0.05%的任一组分。

7.3.4　采用单体烃专用分析软件对色谱峰进行自动识别，然后需仔细检查报告结果，保证色谱峰识别定性准确。累计C_{10}^{+}以后的所有峰的面积，作为一组组分C_{10}^{+}处理。

8 结果计算

8.1 样品中单体烃的质量分数按式（4）计算。

$$w_i = \frac{A_i \times B_i}{\sum (A_i \times B_i)} \times 100 \tag{4}$$

式中 w_i——组分的质量分数,%；

A_i——i 组分峰的面积；

B_i——i 组分的相对质量校正因子，除去苯（0.9）和甲苯（0.95）外所有的组分的校正因子为1.00。

注：定量校正标样测得的相对质量校正因子可代替8.1条中规定的校正因子。

8.2 分析软件自动给出单体烃报告，统计得到正构链烃、异构链烃、环烷烃和芳烃的质量分数。

8.3 计算 C_{10}^{+}以上组分的质量分数，计算 C_9 前无法鉴别的所有组分累计的质量分数。

8.4 烃族组成的质量分数，结果修约至小数点后2位。

9 方法精密度

重复性限：在重复性条件下获得的两次独立测试结果的绝对差值在95%置信概率下应不大于表2规定的数值。

表2 方法精密度

组 分	重复性
异丁烷	$0.071\ (X)^{0.85}$
正丁烷	$0.091\ (X)^{0.85}$
异戊烷	$0.072\ (X)^{0.67}$
正戊烷	$0.051\ (X)^{0.67}$
环戊烷	$0.026\ (X)^{0.50}$
2，3－二甲基丁烷	$0.027\ (X)^{0.67}$
3－甲基戊烷	$0.015\ (X)$
甲基环戊烷	$0.016\ (X)$
苯	$0.037\ (X)^{0.67}$
2，3－二甲基戊烷	$0.014\ (X)$
3－乙基戊烷	$0.019\ (X)$
正庚烷	$0.012\ (X)^{0.50}$

续表

组　分	重复性
反1，2-二甲基环戊烷	0.016 (X)
甲基环己烷	0.065 $(X)^{0.50}$
甲苯	0.015 (X)
2，5-二甲基己烷	0.012 (X)
2-甲基庚烷	0.037 $(X)^{0.50}$
正辛烷	0.010 (X)
反1，2-二甲基环己烷	0.010 (X)
1，1-二甲基环己烷	0.0095
对二甲苯	0.018 (X)
2，2-二甲基庚烷	0.005
正壬烷	0.029 $(X)^{0.50}$
4-甲基辛烷	0.017 (X)

10　试验报告

试验报告至少应包括以下信息：

①样品标识；

②依据方法；

③试验结果；

④与方法的任何偏离；

⑤试验中出现的异常现象；

⑥试验日期。

参 考 文 献

[1] 国家石油和化学工业局．SH/T 0714—2002 石脑油中单体烃组成测定法——毛细管气相色谱法[S]．北京：中国石化出版社，2002.

MJYPJ－30　煤焦油轻质馏分油烃族组成的测定——多维气相色谱法

煤焦油轻质馏分油的烃族组成包括链烷烃、环烷烃、烯烃和芳烃，即PONA值。PONA值是油品加工工艺设计和工程计算的基础数据，同时根据PONA值也可预测产品质量。因此，煤焦油轻质馏分油烃族组成是煤焦油详细评价的重要指标之一。

煤焦油轻质馏分油烃族组成的测定方法参考现行石化行业标准NB/SH/T 0741—2010《汽油中烃族组成的测定——多维气相色谱法》[1]。本方法中规定载气为氦气，结果计算中规定若需要给出PONA值的结果，可根据SH/T 0714《石脑油中单体烃组成测定法——毛细管气相色谱法》[2]或其他的分析方法测定出饱和烃中链烷烃和环烷烃的相对含量，综合分析后报告PONA值。

本方法的具体内容如下：

1　范围

本方法规定了用多维气相色谱法测定煤焦油轻质馏分油中各烃类组分。

本方法适用于终馏点小于210℃的煤焦油轻质馏分油中各烃类组分的测定。

2　引用文件

下列文件对于本文件的应用是必不可少的，凡是注日期的引用文件，仅注日期的版本适用于本文件。凡是不注日期的引用文件，其最新版本（包括所有的修改单）适用于本文件。

NB/SH/T 0663《汽油中醇类和醚类含量的测定——气相色谱法》。

SH/T 0714《石脑油中单体烃组成测定法——毛细管气相色谱法》。

3　方法提要

煤焦油轻质馏分油进入色谱系统后首先通过极性分离柱使脂肪烃组分和芳烃组分得到分离。由饱和烃和烯烃构成的脂肪烃组分，通过烯烃捕集阱时烯烃组分被选择性保留，饱和烃则穿过烯烃捕集阱进入氢火焰检测器检测。待饱和烃组分通过烯烃捕集阱后，此时芳烃组分的苯尚未达到极性分离柱柱尾，通过一个六通阀切换使烯烃捕集阱暂时脱离载气流路，此时苯通过平衡柱进入检测器检测；苯洗脱后，通过另一个六通阀切换，对非苯芳烃组分进行反吹，非苯芳烃组分进入检测器检测，待非苯芳烃检测完毕后，再次通过阀切换使烯烃捕集阱置于载气流路中，在适当的条件下使烯烃捕集阱中捕集的烯烃完全脱附并进入检测器检测，检出的色谱峰依次为饱和烃、苯、非苯芳烃和烯烃，分析原理图见图 1，系统及柱连接示意图见图 2。

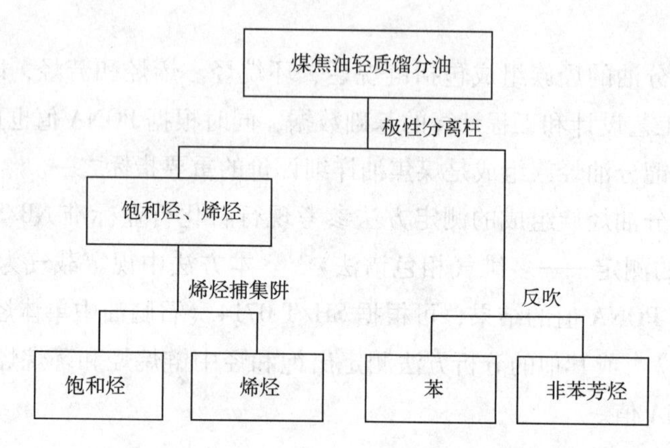

图 1　多维气相色谱分析煤焦油轻质馏分油烃组成的原理图

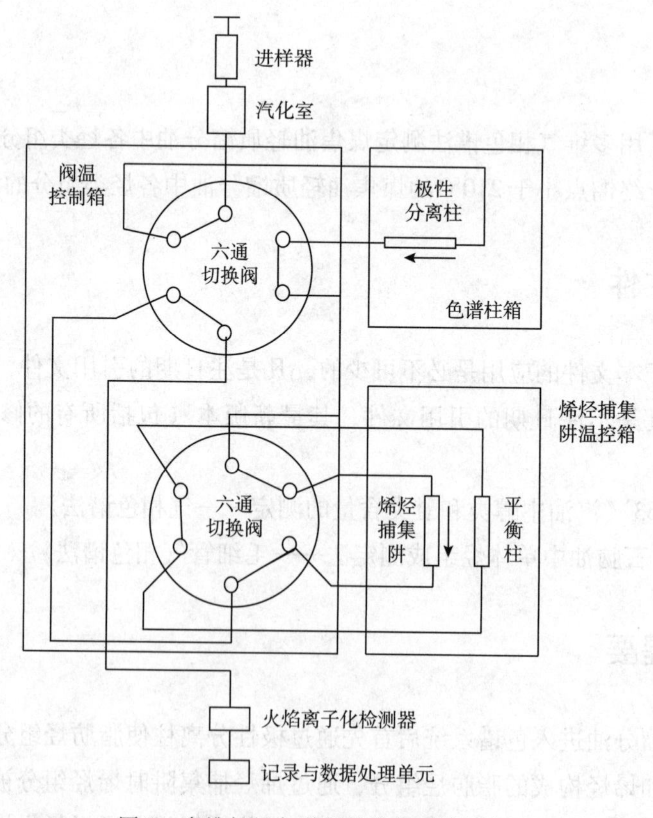

图 2　多维气相色谱仪及分离系统示意图

4 干扰物质

4.1 样品中的高碳数脂肪烃（C_{12}^{+}）在极性柱中与苯的分离将不完全，影响苯和芳烃组分的检测，因此，样品的终馏点不应超过210℃。

4.2 样品中的醚类化合物如甲基叔丁基醚会在烯烃捕集阱中保留，与烯烃一起出峰，此时得到的色谱图中的烯烃面积分数包括醚类化合物；醇类化合物如乙醇、甲醇会在非苯芳烃的保留时间内出峰，此时得到的非苯芳烃含量包括醇类化合物，可根据相关的方法如SH/T 0663测定试样中醚或者醇类化合物的含量对结果进行校正。

4.3 试样中的少量含硫、氮的化合物在烯烃捕集阱中可能产生不可逆吸附，最终可能降低烯烃捕集阱的容量或使用寿命，经实验表明，未发现对测定结果产生影响。

5 试剂和材料

5.1 标准物质：下列化合物可以用来验证柱分离或测量检测器的响应：正戊烷、正己烷、正庚烷、异辛烷、正辛烷、正壬烷、正癸烷、正十一烷、正十二烷、1－戊烯、1－己烯、1－庚烯、1－辛烯、1－壬烯、1－癸烯、1－十一烯、苯、甲苯、二甲苯、异丙基苯、三甲基苯等。试剂的纯度最好使用色谱纯，至少为分析纯。

警告：这些化合物均为易燃或有毒化合物，若摄取、吸入或通过皮肤吸收将对人体产生伤害或致命。

5.2 校正样品的制备：为减少配制过程中烃组分挥发对实验结果的影响，建议按照纯物质的挥发性由低到高的次序，以质量比制备校正样品。建议先配制饱和烃、烯烃和芳烃各自的混合组分。校正样品配制时需根据测量实际样品的具体情况进行配制，使校正样品与待测试样的浓度接近。

5.3 助燃气：压缩空气，纯度不小于99.99%。

5.4 燃气：氢气，纯度不小于99.99%。

5.5 载气：氦气，纯度不小于99.99%。

5.6 柱评价混合物：应由与被测试样相近的烃类化合物配制或购买得到。质量控制检查样品应与校正样品分开制备，要充分混合均匀。质量控制检查样品要采用安瓿瓶封装后在低温下储存，并在储存期间保持不变。

6 仪器设备

气相色谱仪至少包括汽化室、极性分离柱、烯烃捕集阱、平衡柱、控温色谱柱箱和FID检测器，配有2个六通切换阀和色谱工作站，及一些必须的硬件设备。仪器及分离系统的示意图见图2。

6.1　色谱柱

极性分离柱，能满足苯与脂肪烃的正十二烷或1－十一烯完全分离及苯与甲苯完全分离、并留有合适阀切换时间的色谱柱均可以使用。推荐采用BCEF作固定液，涂渍量25%，Chromosorb P（AW）200～300μm载体，柱管材料为内衬石英的不锈钢管或内壁脱活的不锈钢管，长5m，内径2mm。其他能满足上述分离要求的等效色谱柱均可使用。

6.2　平衡柱

对烃族组分无保留或吸附，只起压力平衡作用，以保证阀切换后基线的平稳。

6.3　烯烃捕集阱

烯烃捕集阱的作用是在特定的温度下，样品中经极性柱分离出的饱和烃和烯烃的混合组分通过时，必须定量保留所有烯烃组分，通过所有饱和烃组分。一般烯烃捕集时的温度为120～140℃。当温度升高后，该烯烃捕集阱必须定量释放所有保留的烯烃组分，一般释放温度为200～220℃。具体温度根据烯烃捕集阱的具体情况确定。

注：如发现烯烃捕集阱有烯烃逃逸现象，建议调整操作条件直至更换烯烃捕集阱。

6.4　火焰离子化检测器（FID）

检测器必须满足或优于表1中的要求。

表1　火焰离子化检测器性能要求

性　能	典型值
噪声/A	10^{-13}～10^{-12}
漂移/（A/h）	10^{-12}
检测限 n～C_6/（g/s）	10^{-11}～10^{-10}
线性范围	10^5～10^6

6.5　分析系统组件的温度控制

极性分离柱、烯烃捕集阱、切换阀都应具有独立的温度控制系统，接触样品的所有部件都应保持一定的温度以防止样品冷凝。表2列出一些组件典型的控制温度范围。所列温度只是一个典型的操作温度范围，具体使用时可以根据极性分离柱或烯烃捕集阱的具体情况进行适当调整，温度控制可以采用各种方式满足分析系统的要求。

表2　系统组件的温度控制

系统组件	典型操作温度/℃	加热方式
极性分离柱	100～120	恒温
烯烃捕集阱	125～210	程序升温30～50℃/min
切换阀	100～160	恒温
样品管线	100～160	恒温

6.6 切换阀

本分析系统中包括两个两点位六通阀，为保证阀切换时间的准确，建议采用自动切换阀。

6.7 载气纯化装置

为保障烯烃捕集阱的使用寿命，除气相色谱常规使用的分子筛、活性炭等净化器脱除载气中的水和烃类杂质外，必须安装专门的脱氧净化器，确保载气中的氧含量在1μL/L以下。

6.8 记录与数据处理单元

建议采用色谱工作站，并具有下列功能：

（1）可显示采集的色谱图；

（2）显示色谱峰的峰面积及面积百分比数据；

（3）校正因子的计算及使用；

（4）具有处理噪声和鬼峰的功能；

（5）能进行必要的手动积分处理；

（6）测定结果通过色谱峰面积或面积分数、对应的相对质量校正因子和有关参数通过校正的面积归一化方法计算。

7 仪器准备

7.1 分析仪系统的集成（色谱仪及独立的温控元件）如图2所示。

7.2 载气中的杂质将对色谱柱和烯烃捕集阱的性能产生有害的影响，因此必须安装可靠的载气净化系统以保证系统的正常运行。

7.3 通过实际样品、柱评价混合物或校准样品检验极性柱对脂肪烃和芳烃的分离效果及苯和非苯芳烃组分的出峰时间，以此确定第一次和第二次阀的切换时间。通过校正样品实验调整烯烃捕集阱的温度直至满足校正标准条件。典型的色谱操作条件见表3。

表3 典型的色谱条件

操作条件	典型参数
汽化室温度/℃	220
极性分离柱控温/℃	110
烯烃捕集温度/℃	120~140
烯烃释放温度/℃	200~220
载气流量/（mL/min）	25~30
检测器气体流量/（mL/min）	
空气/（mL/min）	300~350

续表

操作条件	典型参数
氢气/（mL/min）	25～30
进样量/μL	0.1
阀切换驱动压力/kPa	200～300

7.4　仪器系统可靠性检验：以一个校正样品作为测试样品，进行过烯烃捕集阱和不过烯烃捕集阱两次试验，比较两次试验的非苯芳烃测量的峰面积值，如果系统正常，两次试验的非苯芳烃测量值之差不应该超过方法的重复性要求，否则检查仪器系统的管路连接、六通阀和载气纯度等是否存在问题。

7.5　烯烃捕集阱的性能检验：烯烃捕集阱是该试验方法分析系统中关键的环节，如烯烃捕集阱失效或达不到性能要求时将直接影响分析结果。可采用烯烃含量高的参比样品或实际样品来检验烯烃捕集阱的性能。在确定的试验条件下，烯烃捕集阱应通过所有的饱和烃组分捕集所有的烯烃组分，测量的结果偏差不超过样品中各组分含量水平的重复性要求，否则应调整条件以满足上述要求，必要时更换烯烃捕集阱。

8　校准

8.1　保留时间的确定

通过校正样品确定饱和烃、苯、非苯芳烃和烯烃组分的保留时间。表4给出了表3条件通过柱长5m的极性分离柱及烯烃捕集阱各烃类组分的保留时间。

表4　各组分的保留时间

组　分	保留时间/min
饱和烃	0.6～2.8
苯	2.8～3.5
非苯芳烃	5～8.5
烯烃	9～10.5

8.2　校正步骤

根据标准样品中饱和烃、烯烃、非苯芳烃和苯所占的质量分数 m_i 和色谱测定的峰面积分数 P_i，以非苯芳烃为标准物质计算相应组分的相对质量校正因子

$$f'_i = \frac{m_i P_A}{m_A P_i} \tag{1}$$

式中　f'_i——相对质量校正因子（以非苯芳烃组分为参比）；

m_A——标准样品中非苯芳烃的质量分数；

P_A——色谱测定的标准样品中非苯芳烃的峰面积分数；

m_i ——标准样品中饱和烃、烯烃或苯的质量分数；

P_i ——色谱测定的标准样品中饱和烃、烯烃或苯的峰面积分数。

8.3　各烃族组分相对质量校正因子的参考值见表5。

表5　各烃族组分相对质量校正因子

烃族组分	饱和烃	烯烃	非苯芳烃	苯
相对质量校正因子 f_i	1.074	1.052	1.000	0.980

9　样品分析

9.1　取样

9.1.1　为了防止样品轻组分的挥发，样品应放置在冰箱冷藏。

9.1.2　分析前取混合均匀的样品至色谱样品瓶中，密封，备用。

9.2　测定步骤

分析系统准备：开机后，检查分析系统的参数设置是否准确，为净化分析系统，分析样品前需按样品的分析步骤将仪器空运行一遍，以驱除色谱柱和烯烃捕集阱中的残留杂质。

9.3　取约0.1μL有代表性的试样在准备就绪的气相色谱系统上进样，分析。

9.4　样品色谱图经色谱工作站及相应的分析软件处理，计算各组分的质量分数。

10　结果计算

10.1　首先采用计算机色谱数据分析处理系统自动鉴别，之后需仔细检查报告结果，保证色谱峰识别定性准确。

10.2　试样中饱和烃、烯烃、非苯芳烃和苯的质量分数可按式（2）进行计算。

$$m_i = \frac{P_i f_i}{\sum P_i f_i} \times 100 \tag{2}$$

式中　m_i ——试样中某组分 i 的质量分数,%；

f_i ——i 组分相对质量校正因子；

P_i ——i 组分色谱测定的峰面积分数。

10.3　当试样中含有醚类或醇类等化合物时，必须测定各个含氧化合物的含量，然后再校正计算。

10.4　芳烃含量为非苯芳烃含量和苯含量之和。

10.5　取两次试验结果的算数平均值作为烃族组成的含量分数，结果修约至小数点后2位。

10.6　若需 PONA 值结果，还需根据 SH/T 0714 或其他的分析方法测定出饱和烃中链烷烃和环烷烃的相对含量，综合分析后报告 PONA 值。

11　方法精密度

重复性限：在重复性条件下获得的两次独立测试结果的绝对差值在95%置信概率下应不大于表 7 规定的数值。

表 7　方法精密度

组分	重复性
饱和烃	1.9
烯烃	$0.27\ (X)^{0.50}$
苯	$0.06\ (X)^{0.82}$
非苯芳烃	$0.18\ (X)^{0.65}$
芳烃	$0.18\ (X)^{0.65}$

注：X 指组分的平均质量分数。

12　试验报告

试验结果报告至少包括以下信息：

①样品标识；

②依据方法；

③试验结果；

④与方法的任何偏离；

⑤试验中出现的异常现象；

⑥试验日期。

参　考　文　献

[1] 国家能源局 . NB/SH/T 0741—2010 汽油中烃族组成的测定　多维气相色谱法［S］. 北京：中国石化出版社，2010.

[2] 国家石油和化学工业局 . SH/T 0714—2002 石脑油中单体烃组成测定法——毛细管气相色谱法［S］. 北京：中国石化出版社，2002.

MJYPJ－31　煤焦油柴油馏分烃族组成的测定方法——质谱法

煤焦油柴油馏分烃族组成包括链烷烃、环烷烃、烷基苯和芳烃等，结合其他性能参数可以预测煤焦油柴油馏分的十六烷值，也是油品加工工艺设计的基础数据。因此，煤焦油柴油馏分烃族组成是煤焦油评价的重要组成部分。

柴油馏分烃族组成一般采用质谱法，有机质谱仪以电子轰击或其他方式使被测物质离子化，形成各种质荷比（m/e）的离子，再利用电磁学原理使离子按不同的质荷比分离，并测量各种离子的强度，从而确定被测物质的结构。

煤焦油柴油馏分烃族组成的测定方法参考现行石化行业标准 SH/T 0606—2005《中间馏分烃类组成测定法——质谱法》[1]。

本方法具体内容如下：

1　范围

本方法规定了采用质谱法测定煤焦油柴油馏分烃类组成的方法。

本方法适用于煤焦油柴油馏分的烃族组成分析，包括链烷烃、一环烷烃、二环烷烃、三环烷烃、烷基苯、茚满和或四氢萘、茚类、萘类、苊类、苊烯类和三环芳烃。

本方法不适用于煤焦油柴油馏分中烯烃含量质量分数大于5.0%样品的测定。

2　引用文件

下列文件对于本文件的应用是必不可少的，凡是注日期的引用文件，仅注日期的版本适用于本文件。凡是不注日期的引用文件，其最新版本（包括所有的修改单）适用于本文件。

SH/T 0606—2005《中间馏分烃类组成测定法——质谱法》。

3　术语和定义

特征质量碎片的加和如下定义：

Σ71（链烷烃）：m/e^{+}71＋85 的总峰强

$\sum 67$（一环环烷烃）：$m/e^+ 67+68+69+81+82+83+96+97$ 的总峰强

$\sum 123$（二环环烷烃）：$m/e^+ \sum_{N=0}^{N=9}[(123+14N)+(124+14N)]$ 的总峰强

$\sum 149$（三环环烷烃）：$m/e^+ \sum_{N=0}^{N=7}[(149+14N)+(150+14N)]$ 的总峰强

$\sum 91$（烷基苯）：$m/e^+ \sum_{N=0}^{N=6}[(91+14N)+(92+14N)]$ 的总峰强

$\sum 103$（茚满和或四氢萘）：$m/e^+ \sum_{N=0}^{N=6}[(103+14N)+(104+14N)]$ 的总峰强

$\sum 115$（茚类和或 C_nH_{2n-10}）：$m/e^+ \sum_{N=0}^{N=5}[(115+14N)+(116+14N)]$ 的总峰强

$\sum 141$（萘类）：$m/e^+ \sum_{N=0}^{N=7}[(141+14N)+(142+14N)]$ 的总峰强

$\sum 153$（苊类和或 C_nH_{2n-14}）：$m/e^+ \sum_{N=0}^{N=7}[(153+14N)+(154+14N)]$ 的总峰强

$\sum 151$（苊稀类和或 C_nH_{2n-16}）：$m/e^+ \sum_{N=0}^{N=7}[(151+14N)+(152+14N)]$ 的总峰强

$\sum 177$（三环芳烃和或 C_nH_{2n-18}）：$m/e^+ \sum_{N=0}^{N=5}[(177+14N)+(178+14N)]$ 的总峰强

4　方法提要

本方法采用硅胶为吸附剂，以正戊烷和二氯甲烷为冲洗液将煤焦油柴油馏分试样分离为饱和烃和芳烃，将饱和烃和芳烃分别进行质谱测定，根据特征质量碎片加和确定各类烃的浓度，由质谱数据估计烃类的平均碳数，根据由各类烃的平均碳数确定的校正数据进行计算。每个馏分的结果根据分离得到的质量分数进行归一，结果以质量分数表示。

5　干扰物质

5.1　含硫含氮非烃化合物不包括在本方法的矩阵计算中，如果这些非烃化合物含量较高（如硫含量的质量分数 >0.25%），将干扰用于烃类计算的谱峰。

5.2　如果样品中烯烃含量较高（质量分数 >5.0%），将影响各类饱和烃的测量结果。

6　试剂和材料

6.1　正戊烷：分析纯。

6.2　二氯甲烷：分析纯。

6.3　细孔硅胶：0.075 ~0.15mm。

6.4　C_{16}正构烷烃：色谱纯。

7　仪器设备

7.1　预分离色谱柱：硬质玻璃管，上端接有容积为 200mL 的下出口溶剂储瓶，用于

色层分离试验。

7.2　质谱仪：本方法中使用的质谱仪的适用性，应用质谱仪性能试验来验证。

7.3　进样系统：允许使用进样时不受损失、不被污染或其组分不被改变的任何进样系统。为满足这些要求，该系统为需保持在125～325℃范围内升温。

7.4　微量注射器：5μL或10μL。

8　校准

校正系数是在以下操作条件下获得的，可供直接使用。

8.1　调节离子源的推斥极使正十六烷分子离子峰m/e^+226最大。

8.2　从m/e^+40～292作质量扫描。

8.3　电离电压70 eV，电离电流10～70μA。

注：校正系数是通过调节离子源的参数，使正十六烷的$\sum 67/\sum 71$的比值为0.26/1的条件下获得。本实验方法的合作研究表明可接受的$\sum 67/\sum 71$比值范围在0.20/1～0.30/1之间。

9　性能试验

9.1　一般情况下，质谱仪连续运转时，分析试样前不需其他准备工作。如果仪器刚启动，则需按仪器说明书进行校准，以保证使用时仪器的稳定性。

9.2　质谱本底：碳数范围在C_{10}～C_{18}的试样的本底应抽真空到小于试样谱图中两个最大峰的0.1%。例如，饱和烃的本底一般抽真空2～5min，使其m/e^+69和m/e^+71峰强应小于试样谱图中相应峰强的0.1%。

10　操作步骤

10.1　样品预分离处理：采用色层分离法将样品分离为饱和烃和芳烃，详细操作见附录A。计算出饱和烃和芳烃的质量分数，饱和烃和芳烃分别进行质谱分析。

10.2　用微量注射器注入足够量的试样于进样系统中。采用校正时的仪器条件记录m/e^+40～292的质谱图。

10.3　样品质谱图经工作站及相应的分析软件处理，计算各烃族组成的质量分数。

11　结果计算

11.1　芳烃馏分计算

11.1.1　从记录的质谱图中读出m/e^+67～69、71、81～83、85、91、92、96、97、

103～106、115～120、128～134、141～148、151～162、165～198、203～212、217～226、231～240，245、246、247～252的峰强。

得到：

$$\sum 71 = 71 + 85 \tag{1}$$

$$\sum 67 = 67 + 68 + 69 + 81 + 82 + 83 + 96 + 97 \tag{2}$$

$$\sum 91 = \sum_{N=0}^{N=6} [(91 + 14N) + (92 + 14N)] \tag{3}$$

$$\sum 103 = \sum_{N=0}^{N=6} [(103 + 14N) + (104 + 14N)] \tag{4}$$

$$\sum 115 = \sum_{N=0}^{N=5} [(115 + 14N) + (116 + 14N)] \tag{5}$$

$$\sum 141 = \sum_{N=0}^{N=7} [(141 + 14N) + (142 + 14N)] \tag{6}$$

$$\sum 153 = \sum_{N=0}^{N=7} [(153 + 14N) + (154 + 14N)] \tag{7}$$

$$\sum 151 = \sum_{N=0}^{N=7} [(151 + 14N) + (152 + 14N)] \tag{8}$$

$$\sum 177 = \sum_{N=0}^{N=5} [(177 + 14N) + (178 + 14N)] \tag{9}$$

11.1.2　按式（10）计算碳数在 $n=10～18$ 的每一个烷基苯的摩尔分数：

$$\mu_n = \frac{[P_m - P_{m-1}(K_1)]}{K_2} \tag{10}$$

式中　μ_n——每个烷基苯的摩尔分数，n 表示每个分子碎片的碳数；

m——所计算烷基苯的相对分子质量；

$m-1$——相对分子质量减1；

P——m，$m-1$ 的峰强；

K_1——同位素校正因子；

K_2——n 个碳数烷基苯的摩尔灵敏度。

注：1. K_1、K_2 的值参见SH/T 0606—2005中的表10。

2. 此计算步骤假设其他烃类对烷基苯的分子峰和分子离子减1峰没有贡献。选择最低碳数为10是基于 C_9 烷基苯的沸点低于204℃，而且它们的浓度可忽略不计。

11.1.3　按式（11）计算芳烃馏分烷基苯的平均碳数A：

$$A = \left(\sum_{n=10}^{n=18} n \times \mu_n\right) / \left(\sum_{n=10}^{n=18} \mu_n\right) \tag{11}$$

11.1.4　按式（12）计算碳数为 $n=11～18$ 的各萘类的摩尔分数：

$$X_n = \frac{[P_m - P_{m-1}(L_1)]}{L_2} \tag{12}$$

式中　X_n——每个萘的摩尔分数，n 表示每个分子碎片的碳数；

m——所计算萘类的相对分子质量；

$m-1$——相对分子质量减1；

P——m，$m-1$ 的峰强；

L_1——同位素校正因子；

L_2——n 个碳数萘类的摩尔灵敏度。

注：1. L_1、L_2 的值参见 SH/T 0606—2005 中的表 1。

2. 此计算步骤假设其他烃类对萘类的分子峰和分子离子减 1 的峰没有页献。相对分子质量为 128 的萘类的浓度在矩阵计算中只取 m/e^+128 单个多同位素峰强。萘类的平均碳数从 11（相对分子质量为 142）至 18（相对分子质量为 240）

11.1.5　按式（13）计算芳烃馏分中萘类的平均碳数 B：

$$B = (\sum_{n=11}^{n=18} n \times X_n) / (\sum_{n=11}^{n=18} X_n) \tag{13}$$

11.1.6　根据烃类碳数选择断裂模型和灵敏度系数链烷烃、环烷烃（相应各为∑71 和∑67）的平均碳数与烷基苯的碳数（11.1.3 条）相互关系，如表 1 所示。包含在芳烃馏分矩阵中的∑71 和∑67 用于检测分离时可能产生的重叠。其他烃类如∑'$_s$ 103、115、153 和 151 的浓度一般较低，因而它们的分子离子峰会受到其他烃类的影响，它们的平均碳数不是直接计算所得，而是通过对芳烃谱图的观察来估算，一般情况下，它们的平均碳数与萘类的相同或最接近在 11.1.5 计算的整数值。三环芳烃∑177 的平均碳数至少为 C_{14}，对柴油馏分可以用 C_{14}来代表∑177 类型的平均碳数。根据计算和估算的烃类的平均碳数，利用中间馏分的断裂模型和灵敏度系数所给的校正数据建立芳烃馏分的矩阵（参见 SH/T 0606—2005 表 3 和表 4）。矩阵计算是解一组联立线性方程。矩阵计算可以用计算机自动操作而做到程序化。矩阵计算结果除以质量灵敏度转换成质量分数，该质量分数用分离过程测定的芳烃质量分数归一化。

表 1　烷基苯、链烷烃和环烷烃平均碳数关系

烷基苯	链烷烃和环烷烃
平均碳数	平均碳数
10	11
11	12
12	13
13	15（14.5）
14	16（15.5）

11.2　饱和烃馏分计算

11.2.1　从记录的质谱图读出 m/e^+67～69、71、81～83、85、91、92、96、97、105、106、119、120、123、124、133、134、137、138、147～152、161～166、175～180、191～194、205～208、219～222、233～236、247～250 的峰强。

得到：

$$\sum 71 = 71 + 85 \tag{14}$$

$$\sum 67 = 67 + 68 + 69 + 81 + 82 + 83 + 96 + 97 \tag{15}$$

$$\sum 123 = \sum_{N=0}^{N=9} [(123 + 14N) + (124 + 14N)] \tag{16}$$

$$\sum 149 = \sum_{N=0}^{N=7} [(149 + 14N) + (150 + 14N)] \tag{17}$$

$$\sum 91=\sum_{N=0}^{N=6}\left[(91+14N)+(92+14N)\right] \tag{18}$$

11.2.2 用于矩阵计算的断裂模型和灵敏度系数是根据各类烃的平均碳数而定。链烷烃、环烷烃（∑'s 71、69、123 和 149）的平均碳数与芳烃馏分计算所得的烷基苯平均碳数相互关系，如表 1 所示。在饱和烃馏分中包含∑91，则可用于检测分离过程的效率。∑91 的断裂模型和灵敏度系数是以芳烃谱图计算或估计的平均碳数为依据的。根据所确定的平均碳数，利用柴油馏分的断裂模型和灵敏度系数所给的校正数据建立饱和烃馏分的矩阵。矩阵计算是解一组联立线性方程。矩阵计算可以用计算机自动操作而做到程序化。矩阵计算结果除以质量灵敏度转换成质量分数，该质量分数用分离过程测定的饱和烃质量分数归一化。

11.3 将分析结果归类计算样品中饱和烃（链烷烃、一环烷烃、二环烷烃、三环烷烃）和芳烃（烷基苯、茚满和或四氢萘、茚类、萘类、苊烯、苊稀类和三环芳烃）的质量分数。

11.4 取两次测定结果的算术平均值，结果修约至小数点后 2 位。

12 方法精密度

重复性限：在重复性条件下获得的两次独立测试结果的绝对差值在95%置信概率下应符合表 2 的规定。

表 2 方法精密度

	化合物	重复性限 r/%
饱和烃馏分	链烷烃	0.5
	一环烷烃	1.1
	二环烷烃	0.7
	三环烷烃	0.3
芳烃馏分	烷基苯	0.3
	茚满和或四氢萘	0.3
	茚类	0.3
	萘类	0.3
	苊类	0.1
	苊烯类	0.3
	三环芳烃	0.1

13 试验报告

试验报告至少应包括以下信息：

①样品标识；

②依据标准；

③试验结果；

④与标准的任何偏离；

⑤试验中出现的异常现象；

⑥试验日期。

附录A

中间馏分饱和烃和芳烃分离法（色层分离法）

A.1　方法概要

本方法采用硅胶为吸附剂，以正戊烷、二氯甲烷为冲洗液将中间馏分试样分离成饱和烃、芳烃两部分，分别回收溶剂、恒重，计算出饱和烃和芳烃的质量分数。

A.2　仪器

A.2.1　色谱柱：硬质玻璃管，上端接有容积为200mL的下出口溶剂储瓶。

A.2.2　锥形瓶：25mL、250mL。

A.2.3　量筒：100mL。

A.2.4　水浴：能保持水浴温度控制在所需温度的±1℃以内。

A.2.5　分析天平：分度值0.1mg

A.3　试剂和材料

A.3.1　正戊烷：分析纯。

A.3.2　二氯甲烷：化学纯。

A.3.3　细孔硅胶：0.075～0.15mm。

A.4　试验步骤

A.4.1　将硅胶在150℃恒温活化5h，放入具塞玻璃瓶中备用。

A.4.2　称取约2g试样，精确至0.1mg。

A.4.3　将吸附柱垂直固定，柱的末端用脱脂棉塞紧。然后加入硅胶，并将硅胶敲紧至刻线为止，加入30mL正戊烷将色谱柱润湿。当润湿液全部进入吸附层后，把已称重好的试样转移到色谱柱中。用30mL正戊烷分三次连续冲洗装试样的25mL锥形瓶，将冲洗液加入色谱柱中。当试样完全进入吸附层后，依次加入正戊烷150mL、二氯甲烷150mL分别冲洗出饱和烃、芳烃馏分。色谱柱下用250mL锥形瓶接收冲洗液。冲洗速度为1mL/min。然后将250mL锥形瓶中接收的正戊烷、二氯甲烷冲洗液分别在水浴中蒸去溶剂。将除去溶剂的饱和烃、芳烃分别转移到已称重的25mL锥形瓶中恒重，5min一个周期，直到两次连续称重损失小于20mg为止。但其收率必须达到95%以上。

A.5　计算

A.5.1　试样中芳烃的含量X_1（质量分数）按式（A.1）计算：

$$X_1 = \frac{m_1}{m_1 + m_2} \times 100 \tag{A.1}$$

式中　m_1——所接收芳烃的质量，g；

m_2——所接收饱和烃的质量，g。

A. 5. 2　试样中饱和烃的含量 X_2（质量分数）按式（A. 2）计算：

$$X_2 = \frac{m_2}{m_1 + m_2} \times 100 \quad (A.2)$$

参　考　文　献

［1］中国石化股份有限公司石油化工科学研究院. SH/T 0606—2005 中间馏分烃类组成测定法——质谱法［S］. 北京：石油工业出版社，2006.

MJYPJ-32　煤焦油馏分油烃族组成的测定——高效液相色谱法

高效液相色谱法作为一种准确的烃族组成分析方法，具有操作步骤简单，分析速度快，且不破坏样品组成的优势。

本方法主要参考现行石化行业标准 SH/T 0806—2008《中间馏分芳烃含量的测定——示差折光检测器高效液相色谱法》[1]和商检行业标准 SN/T 2380—2009《石油产品中芳烃含量的测定——高效液相色谱法》[2]。前者采用正己烷、邻二甲苯、1-甲基萘和菲为色谱标样，将样品分为非芳烃、单环芳烃、双环芳烃和三环$^+$芳烃；后者对于终馏点小于300℃的试样采用正己烷、邻二甲苯、1-甲基萘为标样，对于终馏点大于300℃的试样采用正己烷、邻二甲苯、1-甲基萘和菲为色谱标样。由于煤焦油馏分油的烃族组成与石油馏分相差较大，上述两个标准方法均不适用于煤焦油馏分油。

根据煤焦油馏分油的特点，采用高效液相色谱法，建立了煤焦油馏分油烃族组成的测定方法，方法采用极性氨基柱，将煤焦油馏分油分离为饱和烃、单环芳烃、双环芳烃、芴系化合物、三环芳烃和四环芳烃，用示差折射检测器检测，外标曲线法定量，得到各烃族组成的质量分数，试样中的极性物由差减法得到。

本方法同时规定，对小于300℃的煤焦油馏分油建议采用正十二烷、甲基环己烷、邻二甲苯、1-甲基萘、芴为色谱标样，对于终馏点大于300℃的煤焦油馏分油建议采用正十六烷、甲基环己烷、邻二甲苯、1-甲基萘、芴、菲、芘为色谱标样，上述标样均为市售的色谱纯标样。建议采用实验室半制备柱制备煤焦油馏分油各烃族组成样品。

本方法具体内容如下：

1　范围

本方法规定了用高效液相色谱法测定煤焦油馏分油的族组成。

本方法适用于最高温度小于400℃的煤焦油馏分油，可分析样品中的饱和烃、单环芳烃、双环芳烃、芴系化合物、三环芳烃、四环芳烃、总芳烃及极性物的含量。总芳烃含量由各类芳烃含量加和求得。

2　术语及定义

下列术语和定义适用于本方法。

2.1 饱和烃（saturates）

在特定极性柱子上，保留时间比单环芳烃短的化合物。

2.2 单环芳烃（mono-aromatic hydrocarbons）

在特定的极性柱上，保留时间比饱和烃长而比双环芳烃短的化合物。

2.3 双环芳烃（di-aromatic hydrocarbons）

在特定的极性柱上，保留时间比单环芳烃长而比芴系化合物短的化合物。

2.4 芴系化合物（fluorene compounds）

在特定的极性柱上，保留时间比双环芳烃长而比三环芳烃短的化合物。

2.5 三环芳烃（tri-aromatic hydrocarbons）

在特定极性柱子上，保留时间比芴系化合物长而比四环芳烃短的化合物。

2.6 四环芳烃（tetra⁺-aromatic hydrocarbons）

在特定极性柱子上，保留时间比大多数三环芳烃长的化合物。

2.7 极性物（polar compounds）

在特定的极性柱上，滞留在柱中，经过反冲洗才能洗脱出的混合物。

3 方法提要

试样用正庚烷溶解，取一定量的样品溶液注入装有极性氨基柱的液相色谱系统。氨基柱对饱和烃几乎没有亲和力而对芳烃有很好的选择性。因此，饱和烃、单环芳烃、双环芳烃、芴系化合物、三环芳烃、四环芳烃被依次分离。采用示差折光检测器检测，色谱工作站进行数据处理，外标曲线法定量，得到样品中饱和烃、单环芳烃、双环芳烃、芴系化合物、三环芳烃、四环⁺芳烃的质量分数。根据差减法得到极性物的质量分数。

4 试剂和材料

4.1 正庚烷：色谱纯。

4.2 正十二烷、正十六烷：色谱纯。

4.3 甲基环己烷：色谱纯。

4.4 邻二甲苯：色谱纯。

4.5 1－甲基萘：色谱纯。

4.6 芴：色谱纯。

4.7 菲：色谱纯。

4.8 芘：色谱纯。

4.9 容量瓶：10mL。

5 仪器设备

5.1 高效液相色谱仪，配有高压输液泵，高效液相色谱柱，示差折光检测器和色谱工作站。

5.1.1 进样系统：能够注入 10μL 试样溶液，重复性优于 1% 的进样系统都可以使用。

5.1.2 试样过滤器：如果需要，推荐采用孔径不大于 0.45μm 的微过滤器以除去试样溶液中的颗粒，要求微过滤器对烃类溶剂是惰性的。

5.1.3 高压输液泵：流动相可以以 0.5 ~ 2mL/min 的流速进入系统，波动小于满偏刻度 1% 的任何高压输液泵都可以使用。

5.1.4 柱系统：只要能满足试验的分离效果，任何填充有氨基键合硅胶固定相的高效液相色谱柱都可以使用。

5.1.5 柱温箱：能够在 20 ~ 40℃ 范围内保持恒温的任何柱温箱都可以使用。

5.1.6 示差折光检测器：任何折光指数检测范围在 1.3 ~ 1.6 内、在规定范围内呈线性响应并输出合适的信号到数据系统的示差折光检测器都可以使用。

5.1.7 色谱工作站：任何与示差折光检测器相匹配、最小采集速率为 1Hz、能测量峰面积和保留时间的数据系统都可以使用。数据系统要能进行如基线校正和重新积分等后处理基本功能。推荐采用能进行自动峰检测和鉴别，并可以通过峰面积计算试样浓度的数据系统。

5.2 分析天平：分度值 0.1mg。

6 样品溶液的配制

6.1 标准样品溶液的配制

称取适量的 4.2 ~ 4.8 条列出的标准物质，准确至 0.0002g，放入 10mL 容量瓶中，用正庚烷稀释至刻度，备用。

注： 采用的色谱标样为市售的色谱纯标样，建议采用实验室半制备柱制备煤焦油馏分油各烃族组成样品。

6.1.1 标准溶液 1(适用于终馏点≤300℃的试样)

根据样品中各烃类化合物的质量分数，按比例计算相应的标准样品量。称取适量的标准物质[4.2(正十二烷) ~ 4.6]，准确至 0.0002g，放入 10mL 容量瓶中，用正庚烷溶解并稀释至刻度，摇匀备用。

准确量取上述标准样品溶液 0.5mL、1.0mL、2.0mL、3.0mL、4.0mL，分别放入 5 个 10mL 的容量瓶中，用正庚烷稀释至刻度，摇匀备用。

6.1.2　标准溶液2(试适于终馏点 >300℃的试样)

根据样品中各烃类化合物的质量分数，按比例计算相应的标准样品量。称取适量的标准物质[4.2(正十六烷)~4.8]，准确至0.0002g，放入10mL容量瓶中，用正庚烷溶解并稀释至刻度，摇匀备用。

准确量取上述标准样品溶液0.5mL、1.0mL、2.0mL、3.0mL、4.0mL，分别放入5个10mL的容量瓶中，用正庚烷稀释至刻度，摇匀备用。

6.2　待测样品溶液的配制

称取适量的待测样品，准确至0.0002g，放入10mL容量瓶中，用正庚烷稀释至刻度，摇匀备用。

注：若样品中含有不溶物，需除去试样溶液中的不溶固体颗粒。必要时，需准确分析样品正庚烷不溶物的质量分数。

7　仪器准备

7.1　根据相应的仪器手册安装色谱、进样系统、色谱柱、柱温箱、示差折光检测器和积分仪。将色谱柱安装在柱温箱中。

7.2　调节流动相的流速为(1.0±0.2)mL/min，确保示差折光检测器的参比池内充满流动相，保持柱温箱温度稳定

7.3　仪器基线运行平稳后，注入10μL标准溶液，记录谱图，确保在分析周期内，基线漂移不超过饱和烃峰高的0.5%。每个组分的峰型达到基线分离。确保饱和烃和单环芳烃的分辨率不小于5.0。

柱分辨率：饱和烃和单环芳烃的分辨率用式(1)计算：

$$分辨率 = \frac{2 \times (t_2 - t_1)}{1.699 \times (y_1 + y_2)} \tag{1}$$

式中　t_1——饱和烃的保留时间，min；

t_2——单环芳烃的保留时间，min；

y_1——饱和烃的半峰宽，min；

y_2——单环芳烃的半峰宽，min。

如果分辨率小于5.0，要检查系统各组件是否运转正常，色谱的死体积是否达到最小。调节流速看分辨率是否提高，否则就要检查流动相是否满足要求，若仍未解决，更换色谱柱。

8　操作步骤

8.1　建立工作曲线

在规定的色谱条件下，将6.1.1或6.1.2条配制的标准样品溶液注入色谱仪，分别测

定各烃类化合物的峰面积，以峰面积为纵坐标，标准样品溶液中各烃类化合物的浓度为横坐标，建立工作曲线。工作曲线的线性相关系数必须大于0.999。

8.2 待测样品分析

在规定的色谱条件下，将6.2配制的样品溶液注入色谱仪。测定样品中各烃类化合物的峰面积，色谱工作站根据标准曲线计算样品中各种烃类化合物的含量。重复测定两次，若两次测量结果之差在本方法的重复性限之内，取两次测量结果的算术平均值作为样品中各烃类化合物的质量分数。

9 结果计算

9.1 饱和烃、各芳烃的质量分数

样品中饱和烃和各芳烃的质量分数按式(2)计算：

$$X(\%) = \frac{[(A \times S) + I] \times V}{M} \tag{2}$$

式中 A——样品中饱和烃、各芳烃的峰面积，mV；

S——标准样品饱和烃、各芳烃校正曲线的斜率；

I——标准样品饱和烃、各芳烃校正曲线(浓度/峰面积)的截距；

V——样品溶液的总体积，mL；

m——样品的质量，mg。

注： 一般情况下，计算过程由数据处理系统自动完成。

9.2 总芳烃的质量分数

总芳烃的质量分数为单环芳烃、二环芳烃、芴系化合物、三环芳烃和四环芳烃质量分数之和。

9.3 极性物质量分数

极性物质量分数采用差减法得到。如果样品里面含有正庚烷不溶物，则需要根据萃取正庚烷不溶物含量的结果，进行校正。

9.4 烃类化合物的质量分数结果修约至小数点后两位。

10 方法精密度

重复性限：在重复性条件下获得的两次独立测试结果的绝对差值在95%置信概率下应符合表1的规定。

表1　方法精密度

烃类化合物	重复性限 r/%
饱和烃	$0.019(X+10.7)$
单环芳烃	$0.026(X+14.7)$
二环芳烃	$0.100(X+2.6)$
三环芳烃	$0.130(X+2.5)$
四环芳烃	$0.14(X+2.5)$

注：X 表示两个平行测定结果的平均值

11　试验报告

试验报告至少应包括以下信息：

①样品标识；

②依据标准；

③试验结果；

④与标准的任何偏离；

⑤试验中出现的异常现象；

⑥试验日期。

参 考 文 献

[1]中华人民共和国国家发展和改革委员会．SH/T 0806—2008 中间馏分芳烃含量的测定——示差折光检测器高效液相色谱法[S]．北京：中国石化出版社，2008.

[2]国家质量监督检验检疫总局．SN/T 2380—2009 石油产品中芳烃含量的测定——高效液相色谱法[S]．北京：中国标准出版社，2010.

MJYPJ-33　煤焦油重质馏分油四组分的测定方法

煤焦油重质馏分油主要指的是 >350℃的煤焦油馏分，约占煤焦油 50% ~60%，其加工利用水平和效益对整个煤焦油加工工艺来说至关重要。煤焦油重质馏分油的组成既与炼焦煤性质及其杂原子含量有关，又受热解工艺、煤焦油原料质量和煤焦油蒸馏条件的影响。煤焦油重质馏分油的组成分析通常采用四组分分析法(SARA 法)。

煤焦油重质馏分油四组分测定方法参考现行石化行业标准 NB/SH/T 0509—2010《石油沥青四组分测定法》[1]。根据煤焦油重质馏分油特性，在测定过程中增加了样品超声处理，即用超声波振荡器使样品充分溶解于正庚烷溶剂中。

本方法的主要内容如下：

1　范围

本方法规定了煤焦油重质馏分油四组分(饱和分、芳香分、胶质和沥青质)的测定方法。

本方法适用于煤焦油重质馏分油四组分的测定。

2　引用文件

下列文件对于本文件的应用是必不可少的，凡是注日期的引用文件，仅注日期的版本适用于本文件。凡是不注日期的引用文件，其最新版本(包括所有的修改单)适用于本文件。

GB/T 6682　《分析实验室用水规格和试验方法》。

3　术语与定义

下列术语和定义适用于本标准。

3.1　沥青质(asphaltenes)

在规定条件下，重质馏分油中不溶于正庚烷而溶于甲苯的组分。

3.2　正庚烷可溶物(n-heptane solubles)

在规定条件下，重质馏分油中可溶于正庚烷的组分。

3.3　饱和分(saturates)

正庚烷可溶物在规定条件下用正庚烷(仲裁时所用溶剂)或石油醚从液固色谱上脱附得到的组分。

3.4　芳香分(aromatics)

正庚烷可溶物在规定条件下分离出饱和分后，再用甲苯从液固色谱上脱附得到的组分。

3.5　胶质(resins)

正庚烷可溶物在规定条件下分离出饱和分和芳香分后，再用甲苯-乙醇从液固色谱上脱附得到的组分。

4　方法提要

用正庚烷溶解样品，过滤后，用正庚烷回流除去沉淀中夹杂的可溶分，再用甲苯回流溶解正庚烷不溶物沉淀，得到沥青质。将正庚烷可溶物吸附于氧化铝色谱柱上，依次用正庚烷、甲苯、甲苯-乙醇洗脱，对应得到饱和分、芳香分和胶质。

5　试剂和材料

5.1　正庚烷：分析纯，脱芳(硫酸甲醛试验合格)。

5.2　甲苯：化学纯。

5.3　95%乙醇：化学纯。

5.4　氧化铝：中性，层析用，100~200目，比表面积$>150m^2/g$，孔体积$0.23\sim0.27cm^3/g$，使用前必须活化。

5.5　定量滤纸：中速，$\phi 11.0\sim12.5cm$。

5.6　蒸馏水：符合GB/T 6682中三级水。

5.7　脱脂棉。

5.8　量筒：20mL、50mL、100mL。

5.9　玻璃短颈漏斗：$\phi 75\sim90mm$。

5.10　漏斗架。

5.11　瓷蒸发皿：100mL。

5.12　细口瓶：150mL。

6　仪器设备

6.1　沥青质测定器：如图1所示，包括磨口三角瓶，抽提器及冷凝器。

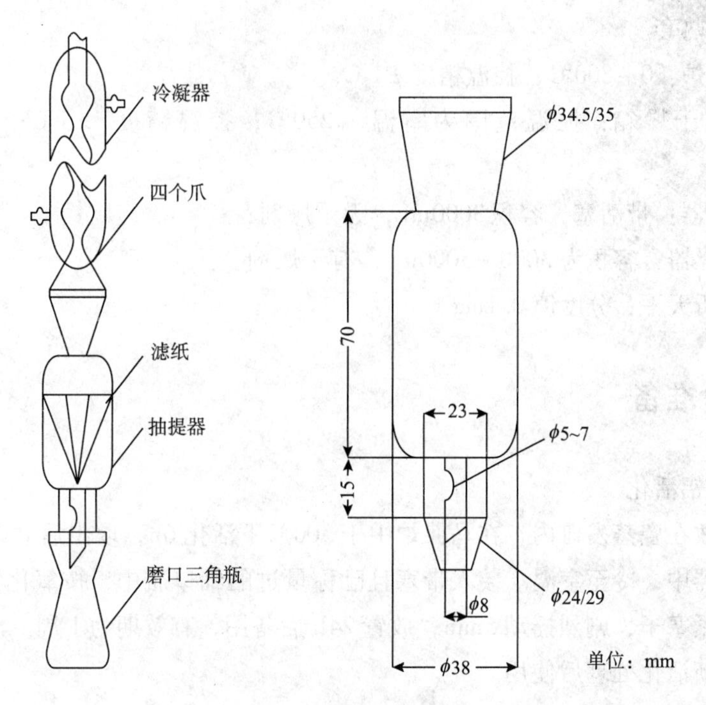

图 1　沥青质抽提器

6.2　磨口三角瓶：24 号磨口，150 ~ 250mL。

6.3　超声波震荡器：控温范围为室温 ~ 100℃；超声波频率 20 ~ 25kHz。

6.4　玻璃吸附柱：如图 2 所示。外面带夹套，热水循环保温。

6.5　超级恒温水浴：加热介质是蒸馏水，控温精度 ±0.1℃。

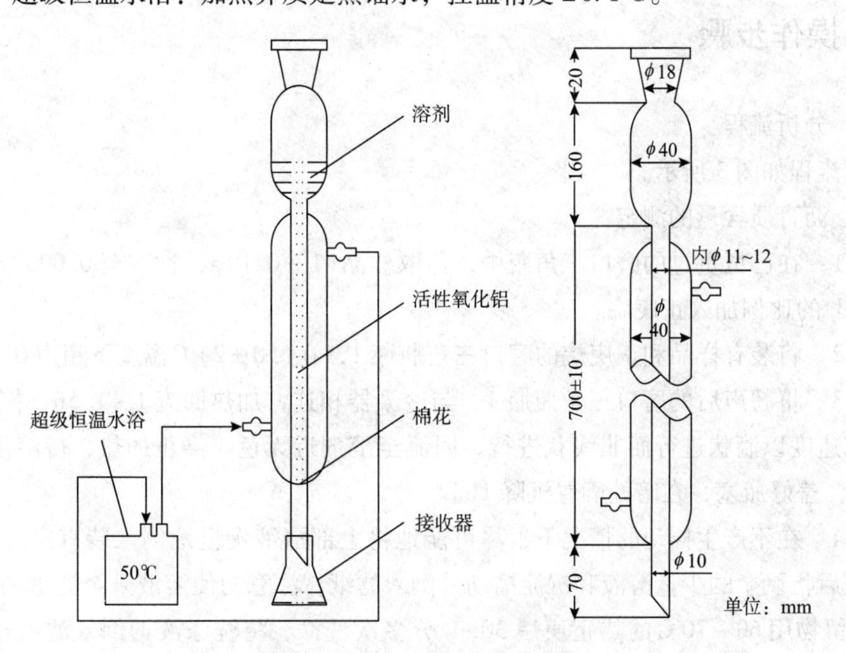

图 2　玻璃吸附柱尺寸及吸附装置图

6.6 电加热套。

6.7 马弗炉：0～800℃；控温精度±1℃。

6.8 真空干燥箱：控温范围为室温～250℃；控温精度 ±1℃；真空度不大于1.33×10^3Pa。

6.9 干燥器：带活塞，容积3000mL，无干燥剂；

6.10 干燥器：容积为3000～5000mL，有干燥剂。

6.11 分析天平：分度值0.1mg。

7 试验准备

7.1 氧化铝活化

将氧化铝放在瓷蒸发皿内，在马弗炉中于500℃下活化6h，取出后立即放入带活塞无干燥剂的干燥器中，冷至室温。装入带塞且已称量过的细口瓶中，按氧化铝净重加入1%的蒸馏水，盖紧塞子，剧烈摇动5min，放置24h后备用，有效期为1周。活化后未用完的氧化铝可以重新活化处理后使用。

7.2 恒重三角瓶

将做好标记的磨口三角瓶置于真空干燥箱中，于105～110℃温度下干燥1.5～2h，取出后置于干燥器中冷却至室温，称量。然后进行检查性干燥，每次1h，直至最后两次称量结果之差不超过0.0004g，以最后一次称量的质量作为恒重三角瓶的质量。

8 操作步骤

8.1 分析流程

分析流程如图3所示。

8.2 沥青质含量的测定

8.2.1 在已恒重过的磨口三角瓶中，称取样品(1±0.1)g，称准至0.0002g，按每克试样50mL的比例加入正庚烷。

8.2.2 将装有样品和正庚烷的磨口三角瓶瓶1，在(50±2)℃温度下超声0.5h。

8.2.3 将超声后的磨口三角瓶瓶1，与冷凝器相连，加热回流1～1.5h，控制冷凝器溶剂回流速度以滴状进行而非线状进行，回流至溶剂近无色。停止加热，待溶液冷却后，取下瓶1，盖好瓶塞，在暗处静置沉降1h。

8.2.4 在不产生摇动的情况下，尽可能地将上部清液慢慢地倒入装有定量滤纸的漏斗中，最后将剩余的少量溶液和沉淀摇动并倒入滤纸，注意勿使溶液升至滤纸的上缘。瓶1中的残留物用60～70℃的热正庚烷30mL分多次洗涤，将洗涤液均倒入滤纸进行过滤，全部滤液收集于瓶2中。瓶1不必洗涤，留待8.2.6使用。

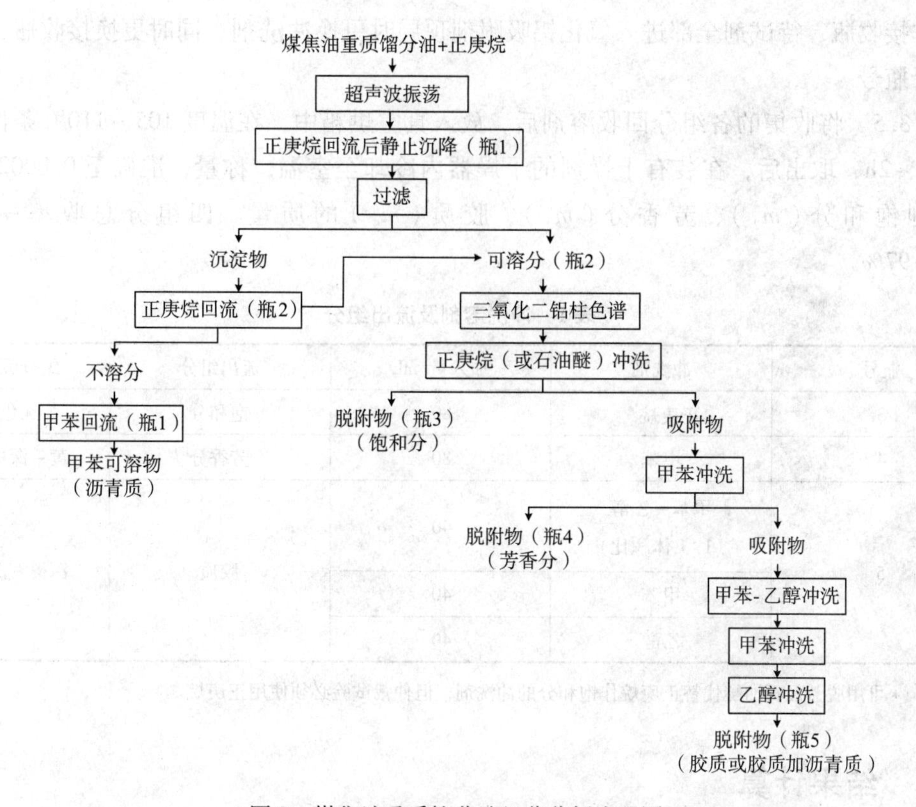

图3　煤焦油重质馏分油组分分析流程图

8.2.5　折叠带有沉淀的滤纸，放入抽提器中，将瓶2与抽提器、冷凝器按图1组装好，加热回流1~1.5h至溶剂近无色。回流完毕，稍冷却，取下瓶2后按8.3.3进行。

8.2.6　往瓶1中加80mL甲苯，装上8.2.5中的抽提器、冷却器，回流至少2h或抽提至液滴无色。

8.2.7　冷却后取下瓶1，置于真空烘箱中，在温度105~110℃条件下保持1.5~2h，取出后在装有干燥剂的干燥器中冷却至室温，称量得到沥青质质量为m_1，称准至0.0002g。

8.3　饱和分、芳香分、胶质含量的测定

8.3.1　按图2将吸附柱与超级恒温水浴连接，保持恒温水浴温度为(50±1)℃。

8.3.2　在洗净干燥的吸附柱下端塞入少许脱脂棉，从上端加入40g7.1条中活化的氧化铝，同时用包有橡皮的细棒，轻轻敲打柱子，使氧化铝紧密、均匀，然后立即加入30mL正庚烷预湿吸附柱。

8.3.3　待预湿正庚烷全部进入氧化铝吸附剂顶层时，立即加入6.2.5瓶2中正庚烷可溶物溶液，取10mL正庚烷分多次将三角瓶中的残留物洗至柱中，柱下放一量筒，接收首先流出的正庚烷。

8.3.4　依次加入表1中的溶剂进行冲洗，可用二联球加压调节流速，整个过程流速维持在2~3mL/min。最初流出20mL为纯正庚烷，可回收循环使用。然后用已恒重过的磨口瓶作接收瓶，待试剂全部进入氧化铝吸附剂顶层时更换冲洗剂，同时更换接收瓶，按顺序记录瓶号。

8.3.5 将收集的各组分回收溶剂后，放入真空烘箱中，在温度105~110℃条件下保持1.5~2h，取出后，在装有干燥剂的干燥器内冷却至室温，称量，准确至0.0002g，分别得到饱和分（m_2）、芳香分（m_3）、胶质（m_4）的质量。四组分总收率一般为90%~97%。

表1 冲洗溶剂及流出组分

瓶号	冲洗剂	加入量/mL	流出组分	组分颜色
3	正庚烷*	80	饱和分	无色
4	甲苯	80	芳香分	黄－深棕色
5	甲苯－乙醇（1:1体积比）	40	胶质	深褐~黑色
	甲苯	40		
	乙醇	40		

注：*可用脱芳烃石油醚代替正庚烷作饱和分的冲洗剂，但仲裁试验必须使用正庚烷。

9 结果计算

9.1 样品沥青质质量分数 X_{AT} 按式(1)计算：

$$X_{AT} = \frac{m_1}{m} \times 100 \quad (1)$$

式中 m_1——样品中沥青质的质量，g；

m——样品的质量，g。

9.2 样品饱和分质量分数 X_S 按式(2)计算：

$$X_S = \frac{m_2}{m} \times 100 \quad (2)$$

式中 m_2——样品中饱和分的质量，g。

9.3 样品芳香分质量分数 X_A 按式(3)计算：

$$X_A = \frac{m_3}{m} \times 100 \quad (3)$$

式中 m_3——样品中芳香分的质量，g。

9.4 样品胶质质量分数 X_R 按式(4)计算：

$$X_R = \frac{m_4}{m} \times 100 \quad (4)$$

式中 m_4——样品中胶质的质量，g。

9.5　取重复测定两个结果的算术平均值，作为样品的四组分分析结果，结果修约到小数点后一位。

10　方法精密度

重复性限：在重复性条件下获得的两次独立测试结果的绝对差值在95%置信概率下应不大于表2中的规定。

表2　方法精密度

组分	测定范围/%（质量分数）	重复性限/%（质量分数）
饱和分	<18	0.5
芳香分	10～75	2.0
胶质	15～55	2.0
沥青质	<20	0.5

11　试验报告

试验报告至少应包括以下信息：

①样品标识；

②依据标准；

③试验结果；

④与标准的任何偏离；

⑤试验中出现的异常现象；

⑥试验日期。

参　考　文　献

[1]国家能源局. NB/SH/T 0509—2010 石油沥青四组分测定法[S]. 北京：中国石化出版社，2010.

MJYPJ－34　煤焦油及馏分油中酚类化合物的测定方法

酚类化合物是煤焦油中主要的含氧化合物，是煤焦油酸性组分中的主要成分。尤其是中低温煤焦油，其酚类化合物含量可达15%左右，对中低温煤焦油的深加工有很大的影响。在煤焦油加氢过程中，酚类化合物可与氢气反应，生成水和芳烃，造成催化剂失活，增加工艺的氢耗，提高操作成本，影响煤焦油加工的经济性。同时，酚类化合物也会对煤焦油产品的安定性有一定的影响，能够促进沉渣的形成和颜色的变深。准确定性和定量分析煤焦油及馏分油中的酚类化合物，可为煤焦油加工工艺的开发和提取高附加值的酚类化合物，提供可靠的基础数据，并对制定产品方案提供参考依据。因此，酚类化合物分析是煤焦油评价的重要指标之一，是中低温煤焦油必须进行评价的指标。

现行国标GB/T 24207—2009《洗油酚含量的测定方法》采用的是双球计量管法，其原理是利用酚类化合物与氢氧化钠作用生成酚钠，酚钠溶于碱液而不溶于油，根据碱液的增量计算酚的含量。其实质还是测定洗油中的酸性组分。现行国标GB/T 2601—2008《酚类产品组成的气相色谱测定方法》采用毛细管色谱柱对13种单体酚进行了定量分析，但该方法只适用于焦化产品中的苯酚、工业酚、邻甲酚、工业甲酚、间对甲酚和工业二甲酚中酚类组成的测定。煤焦油中含有的单体酚较多，根据煤焦油馏分油酸性组分中酚类化合物的特性，建立了煤焦油及馏分油酚类化合物的测定方法，本方法采用煤炭科学技术研究院有限公司的专利技术，对酚类化合物进行衍生化处理，可对23种单体酚进行准确的定性定量分析。

本测定方法的主要内容如下：

1　范围

本方法规定了气相色谱法测定煤焦油馏分油酸性组分中酚类化合物的方法和煤焦油及馏分油中酚类化合物的计算方法。

本方法适用于煤焦油馏分油酸性组分中酚类化合物的测定。

2　方法提要

试样用二氯甲烷溶解，微量注射器进样，样品被汽化后随载气进入色谱柱，酚类化合物在色谱柱内进行分离，氢火焰离子化检测器(FID)检测，外标曲线法定量，色谱工作站

进行数据处理。

3　试剂和材料

3.1　苯酚：色谱纯。

3.2　邻甲酚：色谱纯。

3.3　对甲酚：色谱纯。

3.4　间甲酚：色谱纯。

3.5　邻乙酚：色谱纯。

3.6　2，5－二甲酚：色谱纯。

3.7　间乙酚：色谱纯。

3.8　2，4－二甲酚：色谱纯。

3.9　对乙酚：色谱纯。

3.10　2－异丙基酚：色谱纯。

3.11　2，6－二甲酚：色谱纯。

3.12　2，3－二甲酚：色谱纯。

3.13　3，4－二甲酚：色谱纯。

3.14　2－丙基酚：色谱纯。

3.15　4－异丙基酚：色谱纯。

3.16　3－丙基酚：色谱纯。

3.17　4－丙基酚：色谱纯。

3.18　2，3，5－三甲酚：色谱纯。

3.19　2，3，6－三甲酚：色谱纯。

3.20　3，4，5－三甲酚：色谱纯。

3.21　5－茚满：色谱纯。

3.22　1－萘酚：色谱纯。

3.23　2－萘酚：色谱纯。

3.24　二氯甲烷：色谱纯。

3.25　衍生化试剂。

3.26　载气：高纯氦气，使用仪器说明书指定的纯度。

3.27　尾吹气：高纯氮气，使用仪器说明书指定的纯度。

3.28　高纯氢气：使用仪器说明书指定的纯度，使用前需脱水等净化处理。

3.29　空气：应无腐蚀性杂质。使用前进行脱油、脱水处理。

3.30　微量注射器：10μL。

3.31　容量瓶：10mL、25mL。

4 仪器设备

4.1 气相色谱仪：色谱仪配有液体进样系统、分流进样口、程序升温柱箱、FID 检测器和色谱工作站。

4.2 色谱柱：石英弹性毛细管色谱柱，DB－Petro 100m×250μm×0.25μm，可以使用能够达到分离要求的其他色谱柱。

4.3 分析天平：分度值 0.1mg。

5 操作步骤

5.1 色谱仪工作条件

典型色谱仪工作条件如表 1 所示。

表 1 典型色谱仪工作条件

进样系统	进样量/μL	5
	进样口模式	分流
	汽化室温度 /℃	320
	载气类型	氦气
	载气流量/(mL/min)	1.3
	分流比	150:1
色谱柱	流量模式	恒定流量
	载气流量/(mL/min)	1.3
柱箱	最高温度/℃	325
	程序升温	70℃运行 1min，然后以 4℃/min 的升温速率升至 200℃，停留 3min，再以 3℃/min 的升温速率升至 280℃，再运行 1min
检测器	检测器类型	FID 检测器
	检测器温度/℃	320
	尾吹气类型	氮气
	氢气流量/(mL/min)	30
	空气流量/(mL/min)	400
	尾吹气流量/(mL/min)	25

注：可采用能达到同等或更高分析效果的其他色谱工作条件。

5.2　标样的配制

根据样品中各种酚类化合物的质量分数，按比例计算相应的标准样品量。称取适量的酚类化合物标准样品(3.1～3.23)，准确至0.0002g，放入25mL容量瓶中，用二氯甲烷溶解并稀释至刻线，摇匀备用。

5.3　建立标准曲线

5.3.1　准确量取5.2条款的标准样品溶液0.5mL、1.0mL、2.0mL、3.0mL、4.0mL，分别放入5个10mL的容量瓶中，加适量的二氯甲烷溶剂，再加入标样量4～5倍的衍生化试剂，摇匀，密封后放置过夜。

5.3.2　将衍生化后的5个标准样品溶液，用二氯甲烷稀释至刻度，摇匀后立即取出部分溶液，放置到色谱瓶中，密封备用。

5.3.3　在5.1规定的色谱条件下，将5.3.2配制的标准样品溶液注入色谱仪，分别测定酚类化合物的峰面积，以峰面积为纵坐标，标准样品溶液中酚类化合物的质量分数为横坐标，建立标准曲线。

5.4　校准仪器

试验前，应配制与样品含量相近且在标准曲线范围内的酚类化合物标准样品溶液，采用5.1规定的色谱条件对仪器进行校准。

5.5　样品的测定

5.5.1　称取适量样品，准确至0.0002g，放入10mL的容量瓶中，用二氯甲烷溶解，加入样品量4～5倍的衍生化试剂，摇匀，密封后放置过夜。

5.5.2　将衍生化后的样品，用二氯甲烷稀释至刻度，摇匀，备用。应保证样品中酚类化合物的峰面积在标准曲线范围之内，否则应调整样品量。

5.5.3　在5.1规定的色谱条件下，将5.5.2的样品溶液注入色谱仪，测定样品中各酚类化合物的峰面积，色谱工作站根据标准曲线计算样品中各种酚类化合物的含量。重复测定两次，若两次测量结果之差在本方法的重复性限之内，取两次测量结果的算术平均值作为样品中各种酚类化合物的质量分数。

6　结果计算

6.1　酸性组分中酚类化合物的计算

酸性组分中酚类化合物的质量分数按式(1)计算：

$$\omega_{a_i} = \frac{\omega_s \times A_i}{A_s} \times 100\% \tag{1}$$

式中　ω_{a_i}——酸性组分中酚类化合物的质量分数，%；

ω_s——标准样品溶液中酚类化合物的质量分数，%；

A_i——样品中酚类化合物的峰面积；

A_s ——标准样品溶液中酚类化合物的峰面积。

6.2 煤焦油馏分油中酚类化合物的计算

煤焦油馏分油中酚类化合物的质量分数按式(2)计算：

$$\omega_i = \omega_{a_i} \times \omega_1 \times 100\% \quad (2)$$

式中 ω_i ——煤焦油馏分油中酚类化合物的质量分数,%。

ω_1 ——煤焦油馏分油酸性组分的质量分数,%。

6.3 煤焦油中酚类化合物的计算

煤焦油中酚类化合物的质量分数(ω_i)按式(3)计算：

$$\omega'_i = \omega_{a_i} \times \omega_2 \times 100\% \quad (3)$$

式中 ω'_i ——煤焦油中酚类化合物的质量分数,%。

ω_2 ——煤焦油馏分油的质量收率,%。

6.4 酚类化合物的质量分数结果修约至小数点后两位。

7 方法精密度

重复性限：在重复性条件下获得的两次独立测试结果的绝对差值在95%置信概率下应不大于表2规定的数值。

表2 方法精密度

酚类化合物质量分数/%	重复性限/%
≥10	0.20
1~10	0.10
≤1	0.05

8 试验报告

试验报告至少应包括以下信息：

①样品标识；

②依据标准；

③试验结果；

④与标准的任何偏离；

⑤试验中出现的异常现象；

⑥试验日期。

MJYPJ－35　煤焦油及馏分油萘含量的测定方法

萘是工业上最重要的稠环芳烃，主要用于生产苯酐、各种萘酚、萘胺等，是生产合成树脂、增塑剂、染料的中间体、表面活性剂、合成纤维、涂料、农药、医药、香料、橡胶助剂和杀虫剂的原料。萘主要分布在萘油馏分及洗油馏分中。特别是高温煤焦油，其萘含量约占8%～12%。因此，煤焦油中萘含量是煤焦油重要的指标之一，也是煤焦油评价的关键指标之一，对高温煤焦油尤其重要。准确定量分析煤焦油中的萘含量，可为后续工业萘的回收、产品方案、生产操作物料平衡的计算提供参考依据。

萘含量测定方法有现行国标 GB/T 24208—2009《洗油萘含量的测定方法》[1]和冶金行业标准 YB/T 5078—2010《煤焦油萘含量的测定——气相色谱法》[2]。前者国标只测定洗油馏分中的萘含量，其标准范围不适用于煤焦油；后者行标采用 *N*，*N*－二甲基乙酰胺做溶剂，溶解煤焦油全馏分样品后直接进样，*N*，*N*－二甲基乙酰胺不能溶解的煤焦油中的机械杂质等会污染色谱系统。因此，在煤焦油及馏分油萘含量的测定过程中未采用现有的国家标准和行业标准。

根据煤焦油及馏分油的特性建立了煤焦油及馏分油萘含量的测定方法，在本方法中采用正壬烷做溶剂，样品为煤焦油的萘油馏分或煤焦油≤300℃的馏分油，根据换算得到煤焦油中萘含量。

本测定方法主要内容如下：

1　范围

本方法规定了气相色谱法测定煤焦油及馏分油中萘含量的方法。

本方法适用于煤焦油及馏分油中萘的测定。

2　方法提要

试样用正壬烷溶解，微量注射器进样，样品被汽化后随载气进入色谱柱，萘在色谱柱内与其他组分分离，氢火焰离子化检测器（FID）检测，外标曲线法定量，色谱工作站进行数据处理。

3　试剂和材料

3.1　萘：色谱纯。

3.2　正壬烷：色谱纯。

3.3　载气：高纯氦气，使用仪器说明书指定的纯度。

3.4　尾吹气：高纯氮气，使用仪器说明书指定的纯度。

3.5　高纯氢气：使用仪器说明书指定的纯度，使用前需脱水等净化处理。

3.6　空气：应无腐蚀性杂质。使用前进行脱油、脱水处理。

3.7　微量注射器：10μL。

3.8　容量瓶：10mL、25mL。

4　仪器设备

4.1　气相色谱仪：色谱仪配有液体进样系统、分流进样口、程序升温柱箱、FID 检测器和色谱工作站。

4.2　色谱柱：石英弹性毛细管色谱柱，DB－Petro 100m ×250μm ×0. 25μm，可以使用能够达到分离要求的其他色谱柱。

4.3　分析天平：分度值 0. 1 mg。

5　操作步骤

5.1　色谱仪工作条件

典型色谱仪工作条件如表 1 所示。

表 1　典型色谱仪工作条件

进样系统	进样量/μL	3
	进样口模式	分流
	汽化室温度/℃	300
	载气类型	氦气
	载气流量/(mL/min)	1. 3
	分流比	150 : 1
色谱柱	流量模式	恒定流量
	载气流量/(mL/min)	1. 3

续表

柱箱	最高温度/℃	325
	程序升温	95℃运行6min，然后以40℃/min的升温速率升至150℃，停留1min，再以40℃/min的升温速率升至280℃，再运行7min
检测器	检测器类型	FID检测器
	检测器温度/℃	320
	尾吹气类型	氮气
	氢气流量/(mL/min)	30
	空气流量/(mL/min)	400
	尾吹气流量/(mL/min)	25

注：可采用能达到同等或更高分析效果的其他色谱工作条件。

5.2　标准样品的配制

称取0.5g的色谱纯萘，准确至0.0002g，放入25mL容量瓶中，用正壬烷溶解并稀释至刻度，摇匀，备用。

5.3　建立标准曲线

5.3.1　准确量取5.2的标准样品溶液0.5mL、1.0mL、2.0mL、3.0mL、4.0mL，分别加入5个10mL的容量瓶中，用正壬烷稀释至刻度，摇匀，取出适量至色谱进样瓶中，密封备用。

5.3.2　在5.1规定的色谱条件下，将5.3.1配制的标准样品溶液注入色谱仪，分别测定萘的峰面积，以峰面积为纵坐标，标准样品溶液中萘的含量为横坐标，建立标准曲线。

5.4　校准仪器

试验前，应配制与样品含量相近且在标准曲线范围内的萘标准样品溶液，采用5.1规定的色谱条件对仪器进行校准。

5.5　样品的测定

5.5.1　称取适量样品，准确至0.0002g，放入10mL容量瓶中，用正壬烷溶解并稀释至刻度，摇匀，备用。应保证样品中萘的峰面积在标准曲线范围之内，否则应调整样品量。

5.5.2　在5.1规定的色谱条件下，将5.5.1的样品溶液注入色谱仪，测定样品中萘的峰面积，色谱工作站根据标准曲线计算样品中萘的含量。重复测定两次，若两次测量结果之差在本方法的重复性限之内，取两次测量结果的平均值作为样品中萘的质量分数。

6 结果计算

6.1 煤焦油及馏分油中萘的质量分数按式(1)计算：

$$C_{萘} = \frac{C_s \times A_i \times \omega}{A_s} \times 100\% \tag{1}$$

式中 $C_{萘}$——样品中萘的质量分数,%；

C_s——标准样品溶液中萘的质量分数,%；

A_i——样品中萘的峰面积；

ω——馏分油的质量收率,%；

A_s——标准样品溶液中萘的峰面积。

6.2 样品中萘的质量分数结果修约至小数点后两位。

7 方法精密度

重复性限：在重复性条件下获得的两次独立测试结果的绝对差值在95%置信概率下应不大于0.30%。

8 试验报告

试验报告至少应包括以下信息：

①样品标识；

②依据标准；

③试验结果；

④与标准的任何偏离；

⑤试验中出现的异常现象；

⑥试验日期。

参考文献

[1]中华人民共和国国家质量监督检验检疫总局 中国国家标准化管理委员会. GB/T 24208—2009 洗油萘含量的测定方法[S]. 北京：中国标准出版社，2010.

[2]中华人民共和国工业和信息化部. YB/T 5078—2010 煤焦油萘含量的测定——气相色谱法[S]. 北京：冶金工业出版社，2011.